建设工程工程量清单计价入门丛书

建筑水暖识图与造价

褚振文　编著

中国建筑工业出版社

图书在版编目（CIP）数据

建筑水暖识图与造价/褚振文编著. —北京：中国建筑工业
出版社，2007
（建设工程工程量清单计价入门丛书）
ISBN 978-7-112-09207-9

Ⅰ. 建… Ⅱ. 褚… Ⅲ. ①房屋建筑设备：采暖设备-识
图法②房屋建筑设备：采暖设备-工程造价 Ⅳ. TU832

中国版本图书馆 CIP 数据核字（2007）第 045700 号

建设工程工程量清单计价入门丛书
建筑水暖识图与造价
褚振文 编著
*
中国建筑工业出版社出版、发行 （北京西郊百万庄）
各地新华书店、建筑书店经销
北京千辰公司制作
世界知识印刷厂印刷
*

开本：787×1092毫米 1/16 印张：6¾ 插页：11 字数：236千字
2007年7月第一版 2011年4月第三次印刷
印数：5001—6000册 定价：**18.00** 元
ISBN 978-7-112-09207-9
（15871）

版权所有 翻印必究
如有印装质量问题，可寄本社退换
（邮政编码 100037）
本社网址：http://www.cabp.com.cn
网上书店：http://www.china-building.com.cn

本书系统介绍了建筑水暖工程基础知识与建筑水暖工程量清单计价的编制。建筑水暖工程基础知识内容有工程识图统一常识、室内给水排水工程、室外排水工程、室内采暖工程。建筑水暖工程工程量清单计价主要内容有工程量清单、工程量清单计价、工程量清单计价费用组成与某住宅楼施工图工程量清单计价编制实例。既有理论，又有实际案例。

本书适合爱好建筑工程预决算人员自学，也可作为工程造价人员编制工程量计价与报价的参考书，同时也适合建筑类高等院校预算课教学用书或参考书。

* * *

责任编辑：刘瑞霞　封　毅
责任设计：董建平
责任校对：兰曼利　梁珊珊

前　言

本书系统介绍了水暖工程施工图的基础知识、水暖工程量清单计价的编制。本书具有以下特点：

1. 从建筑水暖工程基础知识开始，循序渐进地教您编制水暖工程造价。

2. 工程量清单、工程量计算、工程量清单计价及报价的编制等方面，既有理论，又有实际案例。使您在学到理论的同时，又有身临"实战"的感觉。

3. 理论部分简明扼要，易学易懂。工程造价实际案例有详细计算过程和文字解释，条理清晰，相当于一个有丰富经验的"将军"教您在实战中学习"作战经验"，同时又像有个熟练的工程师在手把手地教您编制工程造价。

4. 能使您在最短的时间里掌握做建筑工程造价的技能。

5. 根据我国最新颁布实施的国家标准《建设工程工程量清单计价规范》（GB 50500—2003）的规定编写的建筑工程水暖造价入门书。

限于作者水平，且时间仓促，书中错误在所难免，望广大读者见谅，并请按国家有关规定改正。

目　录

上篇　建筑水暖工程基础知识

下篇　建筑水暖工程工程量清单计价

上篇

建筑水暖工程基础知识

第1章　工程识图统一常识

1.1　投影概念

立体图（图1-1）与我们看实际物体所得到的印象比较一致，容易看懂。但是这种图不能满足工程制作或施工的要求，更不能全面地表达设计意图。

工程常用的图纸大多是采用正投影图，用几个图综合起来表示一个物体，这种图能够准确地反映物体的真实形状和大小（图1-2）。

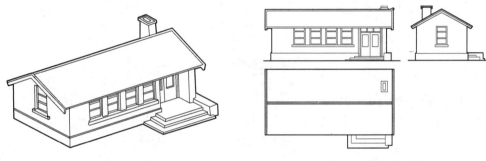

图1-1　房屋立体图　　　　　　　　　图1-2　房屋投影图

投影在我们日常生活中常见到，例如灯光照射桌面，在地上产生的影子比桌面大（图1-3a），如果灯的位置在桌面的正中上方，它与桌面的距离愈远，则影子愈接近桌面的实际大小。可以设想，把灯移到无限远的高度（夏日正午的阳光比较近似这种情况），即光线相互平行并与地面垂直，这时影子的大小就和桌面一样了（图1-3b）。

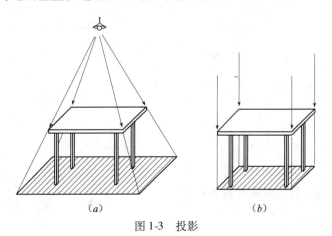

（a）　　　　　　　　　　　（b）

图1-3　投影

我们把表示光线的线称为投影线，把落影平面称为投影面，把所产生的影子称为投影图。

由一点放射的投影线所产生的投影称为中心投影（图1-4a）。由相互平行的投射线所产生的投影称为平行投影。根据投射线与投影面的角度关系，平行投影又分为两种：平行投射线与投影面斜交的称为斜投影（图1-4b）；平行投射线垂直于投影面的称为正投影（图1-4c）。

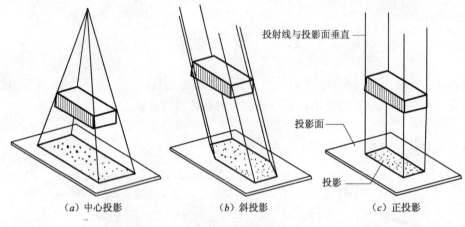

（a）中心投影　　　　　（b）斜投影　　　　　（c）正投影

图1-4　投影的类型

工程图纸，都是用正投影的概念绘制的，即假设投射线互相平行，并垂直于投影面。为了把物体各面和内部形状变化都反映在投影图中，还假设投射线是可以透过物体的（图1-5）。

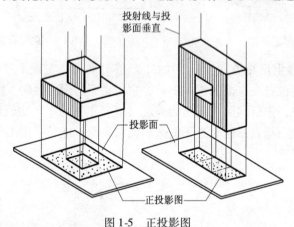

图1-5　正投影图

1.2　点、线、面正投影

1.2.1　点、线、面正投影的基本规律

1. 点的正投影

点的正投影仍是点（图1-6）。

2. 直线的正投影

（1）直线平行于投影面时，其投影的结果是直线，反映实长（图1-7a）。

（2）直线垂直于投影面时，其投影积聚为一点（图1-7b）。

（3）直线倾斜于投影面时，其投影的结果仍是直线，但长度缩短（图1-7c）。

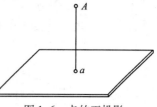

图1-6 点的正投影

（4）直线上一点的投影时，其结果必在该直线的投影上（图1-7a、b、c）。

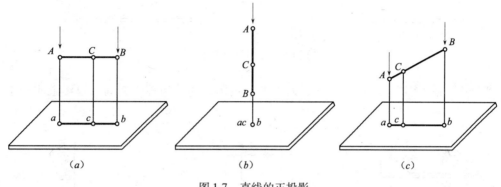

图1-7 直线的正投影

3. 平面的正投影

（1）平面平行于投影面时，投影的结果反映平面实形，即形状、大小不变（图1-8a）。

（2）平面垂直于投影面时，投影的结果积聚为直线（图1-8b）。

（3）平面倾斜于投影面时，投影的结果变形，面积缩小（图1-8c）。

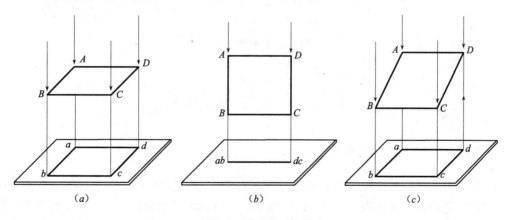

图1-8 平面的正投影

1.2.2 投影的积聚与重合

1. 一个面与投影面垂直时，其正投影的结果为一条线。这个面上的任意一点或线或其他图形的投影也都积聚在这一条线上（图1-9a）。一条直线与投影面垂直时，它的正投影结果成为一点，这条线上的任意一点的投影也都落在这一点上（图 1-9b）。投影中的这种特性称为积聚性（图 1-9）。

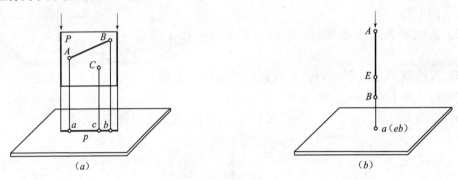

图 1-9　投影的积聚性

2. 两个或两个以上的点（或线、面）的正投影，其结果叠合在同一投影上叫作重合（图 1-10）。

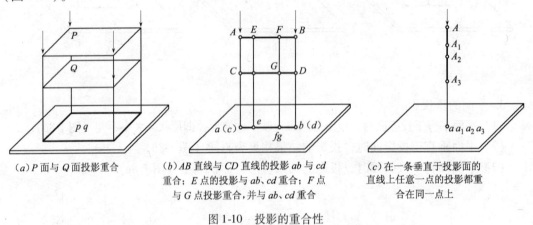

（a）P 面与 Q 面投影重合　　（b）AB 直线与 CD 直线的投影 ab 与 cd　　（c）在一条垂直于投影面的
　　　　　　　　　　　　　　　　重合；E 点的投影与 ab、cd 重合；F 点　　直线上任意一点的投影都重
　　　　　　　　　　　　　　　　与 G 点投影重合，并与 ab、cd 重合　　合在同一点上

图 1-10　投影的重合性

1.3　三面正投影图

1.3.1　三面正投影图的原理

正投影图能够准确地表现出物体的一个侧面的形状，但还不能表现出物体的全部形状。如果将物体放在三个相互垂直的投影面之间，用三组分别垂直于三个投影面的平行投射线投影，就能得到这个物体的三个方面的正投影图称为三面正投影图（图 1-11）。

三个投影面中：

正对着我们的叫做正立投影面，简称 V 面，在 V 面上产生的投影叫做正立投影图；

下面平放着的叫做水平投影面，简称 H 面，在 H 面上产生的投影叫做水平投影图；

侧立着的叫做侧投影面，简称 W 面，在 W 面上产生的投影叫做侧投影图。

三个投影面相交的三条凹棱线叫做投影轴。图 1-11 中，OX、OZ、OY 是三条相互垂直的投影轴。

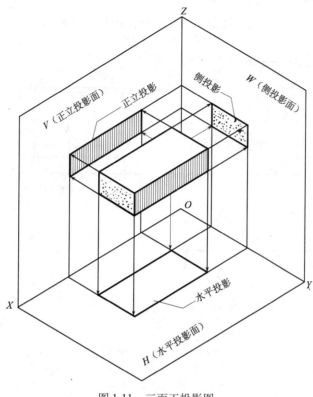

图 1-11　三面正投影图

1.3.2　三个投影面的形成

图 1-11 中的三个正投影图是分别在 V、H、W 三个相互垂直的投影面上，如何把它们表现在一张图纸上呢？设想 V 面保持不动，把 H 面绕 OX 轴向下翻转 90°，把 W 面绕 OZ 轴向右转 90°，则它们就和 V 面同在一个平面上。这样，三个投影图就能画在一张平面的图纸上了（图 1-12）。

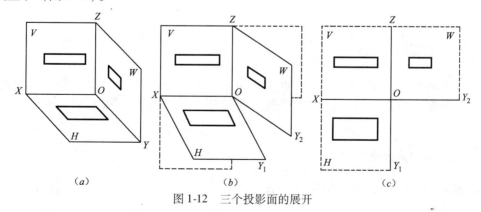

图 1-12　三个投影面的展开

三个投影面展开后，三条投影轴成为两条垂直相交的直线；原 OX、OZ 轴位置不变，原 OY 轴则分成 OY_1、OY_2 两条轴线（图 1-12c）。

建筑图纸多数就是用三面正投影图画出来的，如图 1-13 中的屋顶平面图就是建筑物的水平投影图，各个立面图就是建筑物的正立投影图和侧投影图。

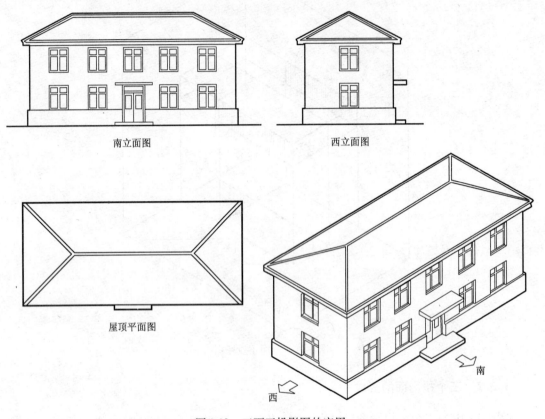

南立面图　　　　　　　　　　　　西立面图

屋顶平面图

南

西

图 1-13　三面正投影图的应用

1.4　剖 面 图

1.4.1　剖面图的形成

剖面图的概念是假想用一个平面（剖切面）把物体切去一部分，物体被切断的部分称为断面或截面，把断面形状以及剩余的部分用正投影方法画出的图就是剖面图。

1.4.2　剖面图的表示

1. 画剖面图须用剖切线符号在正投影图中表示出剖切面位置及剖面图的投影方

向。

如图 1-14 所示，1-1 剖面图是按剖切面位置切断后向下投影，即物体切断后的水平投影；2-2 剖面图是按剖切面位置切断后向后投影，即物体切断后的正立投影。

2. 断面的轮廓线用粗线表示，未切到的可见线用细线表示，不可见线一般不画出。

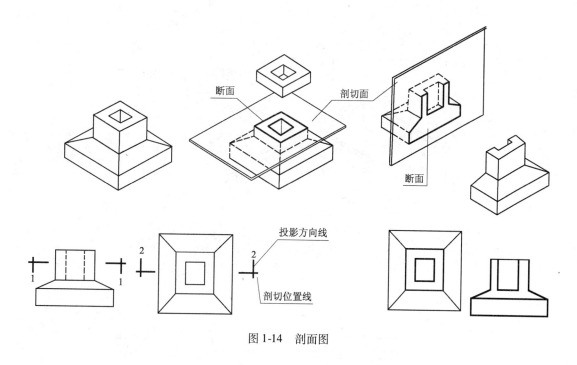

图 1-14　剖面图

1.5　房屋建筑图的形成

房屋建筑图是用来表示一栋房屋的内部和外部形状的图纸，其组成有平面图、立体图、剖面图等。这些图纸都是运用正投影原理绘制的。

1.5.1　平面图

房屋建筑的平面图就是一栋房屋的水平剖视图。其形成是假想用一水平面把一栋房屋的窗台以上部分切掉，画出切面以下部分的水平投影图就是平面图，图 1-15 是一栋单层房屋的平面图。一栋多层的楼房若每层布置各不相同，则每层都应画平面图。如果其中有几个楼层的平面布置相同，可以只画一个标准层的平面图。

平面图种类有总平面图、基础平面图、楼板平面图、屋顶平面图、吊顶或顶棚仰视图等。

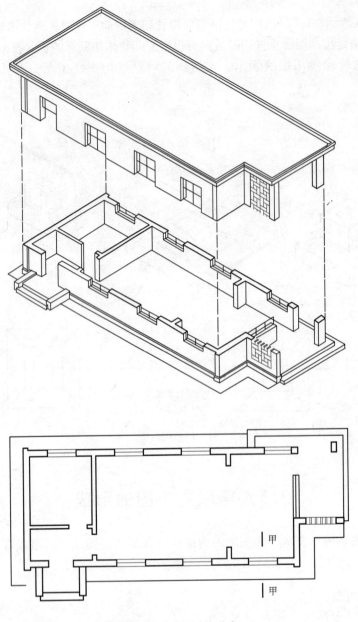

图 1-15　平面图的形成

1.5.2　立面图

房屋建筑的立面图，就是一栋房子的正立投影图与侧投影图，通常按建筑各个立面的朝向来命名，分别叫做东立面图、西立面图、南立面图、北立面图等。图 1-16 就是一栋建筑的两个立面图。

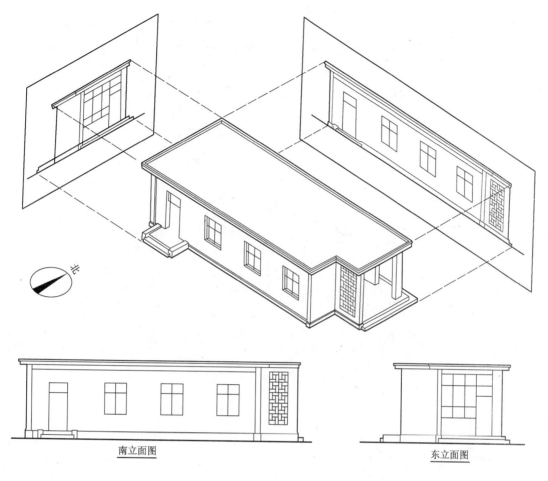

南立面图

东立面图

图 1-16　立面图的形成

1.5.3　剖面图

剖面图的形成系假想用一平面把建筑物沿垂直方向切开，切面后的部分的正立投影图就叫作剖面图。剖面图有横剖面图（图 1-17，1-1 剖面图）、纵剖面图（图 1-17，2-2 剖面图）。

剖面位置应选择建筑内部做法有代表性和空间变化比较复杂的部位。如图 1-17，1-1 剖面是选在房屋的第二开间窗户部位。多层建筑一般选在楼梯间。对较复杂的建筑物需要画出几个不同位置的剖面图。剖面的位置应在平面图上用剖切线标出。剖切线的长线表示剖切的位置，短线表示剖视方向。如图 1-17 平面图中剖切线 1-1 表示横向剖切，从右向左看。在一个剖面图中想要表示出不同的剖切位置，剖切线可以转折，但只允许转折一次。如图 1-17，2-2 剖面图就是通过剖切线的转折，同时表示右侧入口处的台阶、大门、雨篷和左侧门的情况。

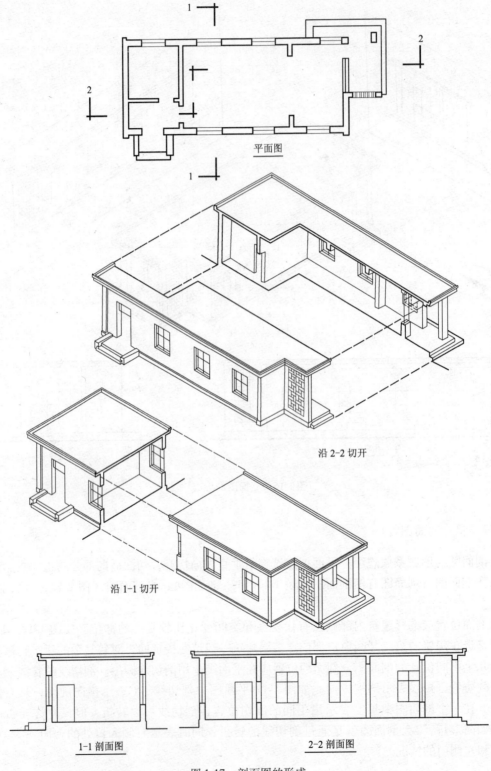

平面图

沿 2-2 切开

沿 1-1 切开

1-1 剖面图　　　　　　　2-2 剖面图

图 1-17　剖面图的形成

1.5.4　房屋建筑的详图和构件图

房屋建筑图中的平、立、剖面图的比例较小，许多细部表达不清楚，必须用大比例尺绘制局部详图或构件图。详图或构件图也是运用正投影原理绘制的，表示方法根据详图和构件的特点有所不同。

如图 1-18 中墙身剖面甲就是在图 1-15 平面图上所示甲剖面的详图。

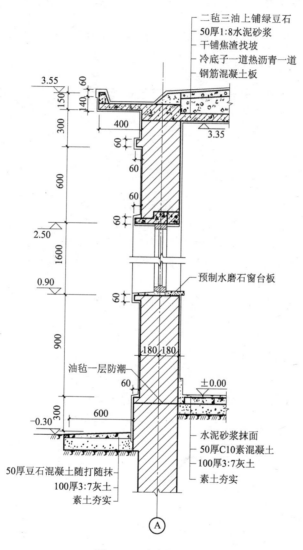

图 1-18　墙身剖面甲

图 1-19 是构件图，采用平面图和两个不同方向的剖面图共同表示预应力大型屋面板的形状。大型屋面板的外形比较简单，可以从平面图和剖面图中知道它的形状，因此将立面图省略不画。

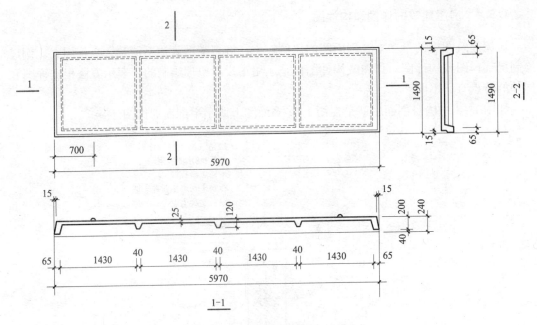

图 1-19 大型屋面板平面图及剖面图

图 1-20 是楼盖的布置图。假想如将楼盖垂直切开，在平面图上画一垂直剖面，就地向左或向上折倒在平面上，这种剖面称为折倒断面，如图中涂黑的部分。这样可以更清楚地表示出其立体关系。

图 1-21 是用折倒断面表示出立面上线条的起伏、凹凸的轮廓。

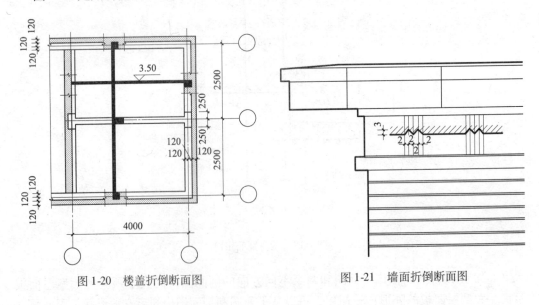

图 1-20　楼盖折倒断面图　　　　图 1-21　墙面折倒断面图

第2章 室内给水排水工程

2.1 常见室内给水系统

2.1.1 室内给水系统的分类

室内给水系统按用途主要分三类:

1. 生活给水系统

供民用、公共建筑和工业企业建筑内的饮用、烹调、盥洗、洗涤、淋浴等生活上的用水。要求水质必须严格符合国家规定的饮用水质标准。

2. 生产给水系统

生产给水系统因各种生产工艺不同,种类繁多,一般有以下几方面:生产设备的冷却、原料和产品的洗涤、锅炉用水及某些工业原料用水等。生产用水对水质、水量、水压以及安全方面的要求由于工艺不同,差异较大。

3. 消防给水系统

供层数较多的民用建筑、大型公共建筑及某些生产车间的消防设备用水。消防用水对水质要求不高,但必须按建筑防火规范保证有足够的水量和水压。

2.1.2 室内给水系统的组成

常见情况下,室内给水系统由如图2-1所示各部分组成。

2.1.3 室内给水系统的给水方式

室内给水系统的给水方式是根据室内用水所需要的水压和室外供水管网的供水情况(资用水头)所决定的。

1. 直接给水系统

室内给水管道系统,直接从室外给水管道上接管引入。适用于室外管网的水量、水压一天内任何时间都能保证室内给水设备需要的建筑物。如图2-2所示。

2. 设置水泵和水箱的联合给水方式

当室外给水管网中压力经常低于室内给水管网所需水压,又不可直接抽水时,则须设置水池、水泵和水箱的联合给水方式。如图2-3所示。

如一天内室外管网压力大部分时间能满足室内供水要求,仅在用水高峰时刻,室外管网中水压不能保证建筑物的上层用水时,则可只设水箱解决。如图2-4所示。

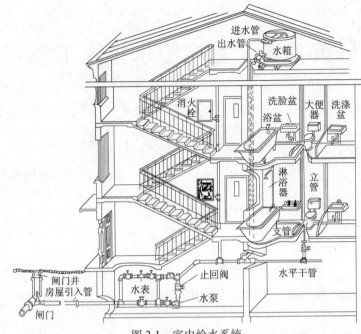

图 2-1　室内给水系统

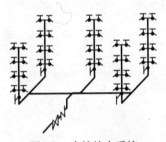

图 2-2　直接给水系统

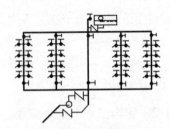

图 2-3　设有水泵和水箱的给水系统

3. 高层建筑分区供水的给水方式

　　较高的建筑物中，为避免底层过大的水静压力，常将建筑物分成上下两个供水区。下区直接用城市管网供水，上区则由水泵水箱联合供水，水泵水箱按上区需要考虑，这样可充分利用外网水压，节约能源。如图 2-5 所示。

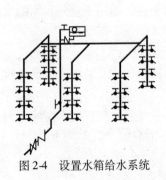

图 2-4　设置水箱给水系统

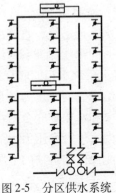

图 2-5　分区供水系统

2.2　常见室内给水管道的布置

2.2.1　给水管道的布置

单独建筑物的给水引入管，一般应从建筑物用水量最大处引入。如建筑物卫生用具布置比较均匀时，应在建筑物中央位引入。如建筑物不允许间断供水或室内消火栓总数在10个以上时，须设置两条引入管，并由城市管网的不同侧引入。

室内给水管道不允许敷设在排水沟、烟道和风道内，不允许穿过大小便槽、橱窗、壁柜、木装修，应尽量避免穿过建筑物的沉降缝，如果必须穿过时要采取相应措施。

2.2.2　给水管道的敷设

室内给水管道的敷设，分为明装和暗装。

1. 明装管道在室内沿墙、梁、柱、天花板下、地板旁暴露敷设。其优点是造价低，施工安装、维护修理均较方便。缺点是由于管道表面积灰、产生凝水等，影响环境卫生，而且明装有碍房屋美观。

2. 暗装管道在房内的地下室天花板下或吊顶中。或在管井、管槽、管沟中隐蔽敷设。暗装的优点是卫生条件好，美观；缺点是工程投资高，施工和维修均不方便。

给水管道可单独敷设，亦可与其他管道一同架设，考虑到安全、施工、维护等要求，当平行或交叉设置时，对管道间的相互位置、距离、固定方法等应按管道综合有关要求统一处理。

引入管的敷设，通常在冰冻线以下20mm、覆土不小于0.7~1.0m的深度。在穿过墙壁进入室内部分，可有下面两种情况，见图2-6。

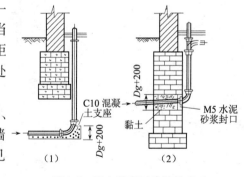

图2-6　引入管穿过建筑物基础

（1）由基础下面通过；

（2）穿过建筑物基础或地下室墙壁。其中任一情况都必须用引入管保护，使其不致因建筑物沉降而受到损坏。为此，在管道穿过基础墙壁部分需预留大于引入管直径200mm的孔洞，在管外填充柔性或刚性材料，或者采取预埋套管、砌分压拱或设置过梁等措施。

水表节点一般安装在建筑物的外墙内或室外专门的水表井中。装置水表的地方气温在2℃以上，并应便于检修、不受污染、不被损坏、查表方便。

管道在穿过建筑物内墙及楼板时，一般均应预留孔洞，待管道施工完毕后，用水泥砂浆堵塞，以防孔洞影响结构强度。

2.3　常见室内排水系统

2.3.1　污（废）水管道类别

建筑物内部装设的排水管道有三类：

1. 生活污水管道

排除人们日常生活中的盥洗、洗涤生活废水和粪便污水。

2. 工业废水管道

排除工矿企业生产过程中所排出的污（废）水。

3. 室内雨水管道

排除屋面的雨雪水。

上述三类污（废）水如分别设置管道排出建筑物，则称为室内排水分流制；若将其中两类或三类污（废）水合流排出，则称室内排水合流制。

2.3.2　室内排水系统的组成

室内排水系统一般由下列几部分组成，见图 2-7。

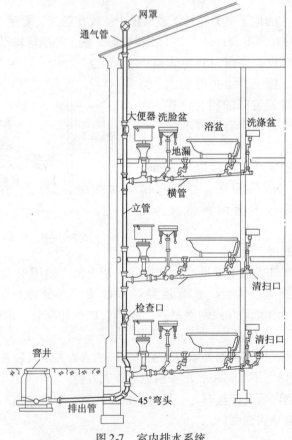

图 2-7　室内排水系统

1. 卫生器具或生产设备受水器

常用的有大小便器、厨房用水槽、卫生间洗脸盆及浴盆等。

2. 排水管系统

有器具排水管（连接卫生器具和横支管之间的一段短管，除坐式大便器外，其间包括存水弯）、横支管、立管、埋设在室内地下的总横干管和排至室外的出户管等。

3. 通气管系统

一般层数不高、卫生器具不多的建筑物，仅设置排水立管上部延伸出屋顶的通气管。

4. 清通设置

有检查口、清扫口、检查井以及带有清通门的90°弯头或三通接头等。见图2-8。

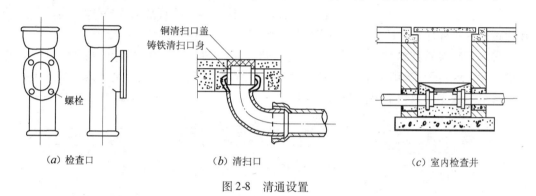

（a）检查口　　　　　（b）清扫口　　　　　（c）室内检查井

图2-8　清通设置

5. 提升设备

地下建筑物内的污（废）水不能自流排至室外时，必须设置污水提升设备，如民用建筑中的地下室、人防建筑物、高层建筑的地下技术层、某些工业企业车间地下或半地下室、地下铁道等。

6. 室外排水管道

自排出管接出的第一检查井后至城市下水道或工业企业排水主干管间的排水管段称为室外排水管道。

2.4　常见室内排水管道的布置

2.4.1　排水管道的布置原则

排水管道的布置应满足水力条件最佳、便于维护管理、保护管道不易受损坏、保证生产及使用安全以及经济和美观要求，具体有以下几点：

1. 污水立管应设置在靠近杂质最多、最脏及排水量最大的排水点处，以尽快地接纳横支管来的污水而减少管道堵塞机会；同理，污水管的布置应尽量减少不必要的转角及曲折，尽量作直线连接。

2. 排水横管宜以最短距离通至室外，不应作转角。

3. 对层数较多的建筑，底层污水管道应单独设置。

4. 排水管要便于安装和维修。

2.4.2　排水管道的敷设

排水管应以明装为主，因其管径较大，又常需清通修理。

排水立管管壁与墙壁、柱等表面的净距应有 25～35mm。排水管与其他管道共同埋设时的最小距离，水平向净距为 1.0～3.0m，竖向净距为 0.15～0.20m。若排水管平行设在给水管之上并高出净距 0.5m 以上时，其水平净距不得小于 5m；交叉埋设时，垂直净距不得小于 0.4m，且给水管应有保护套管，保护管段长度为给水管外径加4m。

排水立管需要穿过楼层时，预留孔洞尺寸一般较通过的管径大 50～100mm，并且应在通过的立管外加套一段套管，现浇楼板可预先镶入套管。

排水管在穿越建筑物基础时，应在垂直通过基础的管道外套以较其直径大 200mm 的金属套管，或设置在钢筋混凝土过梁的壁孔内，管顶与过管梁间应有足够沉陷量的距离以保证管道不致受建筑物下沉而破坏，见图 2-9。

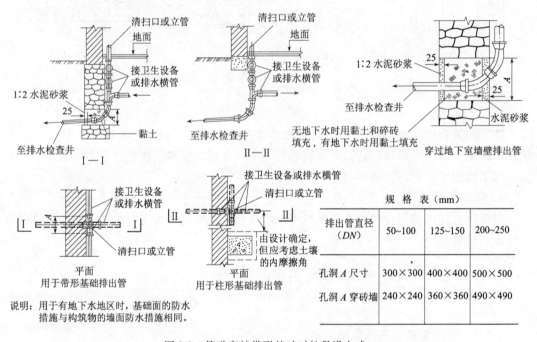

规格表（mm）

排出管直径（DN）	50～100	125～150	200～250
孔洞 A 尺寸	300×300	400×400	500×500
孔洞 A 穿砖墙	240×240	360×360	490×490

图 2-9　管道穿越带形基础时的敷设方式

2.5　常见卫生设备

卫生器共同的要求应该表面光滑、易于清洗、不透水、耐腐蚀、耐冷热和有一定的强度。除大便器外，一切卫生器具均应在排水口处设置十字拦栅，以防粗大污物进入排水管道，引起管道堵塞。为了防止排水管中有害气体窜入室内，每一卫生器具下面应设置存水弯。

2.5.1　卫生间卫生器具

1. 大便器

（1）坐式大便器

坐式大便器多用在住宅、宾馆、医院等卫生间内，构造本身带有存水弯。

坐式大便器又分为冲洗式和虹吸式。冲洗式大便器是靠冲洗设备所具有的水头冲洗，而虹吸式大便器是靠冲洗水头和虹吸作用冲洗，见图2-10与图2-11。

（2）蹲式大便器

蹲式大便器一般用在集体宿舍、一般住宅、公共建筑卫生间、公共厕所内。如图2-12所示。

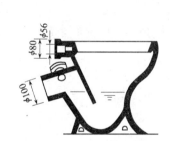　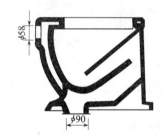　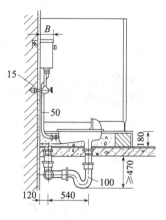

图2-10　漏斗形冲洗式大便器　　　图2-11　漏斗形虹吸式大便器　　　图2-12　蹲式大便器

蹲式大便器本身不带存水弯，需要另外装设铸铁或陶瓷存水弯。

2. 小便器

小便器设在公共建筑男厕所中，有挂式与立式两种。其类型有：

（1）挂式小便器

此类小便器悬挂在墙上，如图2-13所示。

（2）立式小便器

立式小便器装置在卫生设备标准较高的公共建筑男厕所中，如展览馆、宾馆、酒店等，多为成组装置，如图2-14所示。

（3）小便槽

小便槽具有建造简单、经济、占地面积小、可同时供多人使用等优点，被广泛的装置在工业企业、公共建筑、集体宿舍男厕所中。

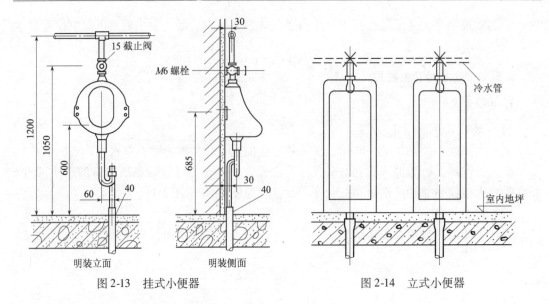

明装立面   明装侧面

图 2-13 挂式小便器   图 2-14 立式小便器

2.5.2 盥洗、沐浴用卫生器具

1. 洗脸盆

洗脸盆装置在卫生间中供洗脸洗手用。洗脸盆有长方形、三角形、椭圆形。安装方式有墙架式、柱脚式。如图 2-15 所示。

2. 盥洗槽

盥洗槽多用在同时有多人需要使用盥洗的地方，如工厂、学校的集体宿舍，工厂的生活间等。

盥洗槽表层现多贴白瓷砖，也可用水磨石磨成。如图 2-16 所示。

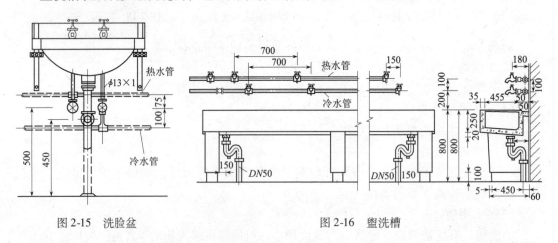

图 2-15 洗脸盆   图 2-16 盥洗槽

3. 浴盆

浴盆一般用在住宅、宾馆、医院等卫生间及公共浴室内。如图 2-17 所示。

4. 淋浴器

淋浴器较浴盆使用起来清洁，现广泛地应用在各种建筑中。

淋浴器分成品的和用管件现场组装的。如图 2-18 所示。

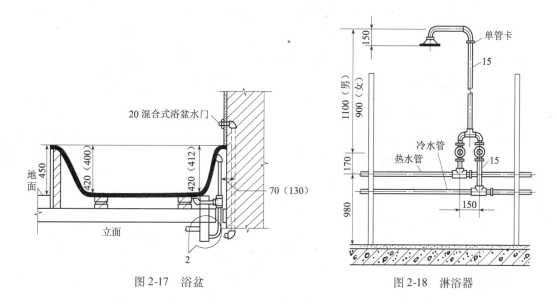

图 2-17　浴盆

图 2-18　淋浴器

2.5.3　洗涤用卫生器具

1. 洗涤盆

洗涤盆装在厨房内，有墙架式、柱脚式，有单格、双格之分。如图 2-19 所示。

2. 污水盆

污水盆装在公共建筑的厕所、盥洗室内，是供打扫厕所、洗涤拖布或倾倒污水用。如图 2-20 所示。

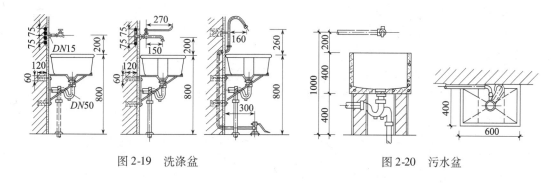

图 2-19　洗涤盆

图 2-20　污水盆

2.6　常见室内给水排水工程图的识读

给水排水工程图中的管道、卫生设备都是用图例符号表示的。现将常用的图例符号列于表 2-1 中，供识读参考。

常见室内给水排水工程图例   表 2-1

名 称	图 例	名 称	图 例
给水管		蹲式大便器	
排水管		坐式大便器	
阀门		挂式小便斗	
止回阀		洗涤盆	
水表		淋浴器	
消火栓		地漏	
水泵		清扫口	
龙头		检查口	
洗脸盆		存水弯	
浴盆		系统编号	

2.6.1 平面图的识读

室内给水排水管道平面布置图，主要用来表示建筑物内给水和排水管道及有关卫生器具或用水设备的平面布置。图上的线条都是示意性的，管配件（如活接头、补心、管箍等）不画出来，因此要识读图纸，还必须熟悉给水排水管道的施工工艺。在识读管道平面图时应注意事项如下：

1. 查明各类设备的类型、数量、安装位置、定位尺寸。

2. 看清楚给水引入管和污水排出管的平面位置、走向、定位尺寸、与室外给水排水管网的连接形式、管径及坡度等。

给水引入管和污水排出管都是用编号注写的，编号和管道种类分别写在直径均为 8 ~ 10mm 的圆内，圆内过圆心划一水平线，线上标注管道种类，线下标注该系统编号，用阿拉伯数字写。如给水管写"给"或汉语拼音字母"J"，污水管写"污"或汉语拼音字母"W"。

3. 看清干管、立管、支管的平面位置与走向、管径尺寸及立管编号。

4. 消防给水管道要看明消火栓的位置、口径大小及消防箱的形式与设置。

5. 给水管道上的水表，要看明水表型号、安装位置，以及水表前后阀门设置情况。

6. 室内排水管道，要看明清通设备布置情况，要注意检查井进出管的连接方向。

7. 雨水管道，雨水斗的型号及布置要看清，并结合详图识读雨水斗与天沟的连接方式。

2.6.2　系统轴测图

给水和排水管道主体系统图，通常画成轴测斜投影图，表明管道系统的立体走向。给水系统轴测图上的卫生器具不画出来，龙头、淋浴器莲篷头、冲洗水箱等用符号表示，锅炉、热交换器、水箱等画出示意性的立体图，并在支管上注以文字说明。排水系统轴测图上相应的卫生器具的存水弯或器具排水管须画出，识读时应注意事项如下：

1. 看明给水管道系统的走向，如干管的敷设，管径及其变化情况，阀门、引入管、干管及各支管的型号。

2. 看明排水管道系统的走向、管径及横管坡度、管道上的存水弯形式、清通设备设置情况、曲管及丁字管的选用等。

3. 轴测图上注有各楼层标高，识读时可据此分清管路是属于哪一层的。

2.6.3　详图

室内给水排水工程详图，主要是对管道节点、水表、消火栓、水加热器、开水炉、卫生器具、过墙套管、排水设备、管道支架等安装的详细描述，一般都选用标准图集。

第3章 室外排水工程

3.1 常见室外排水系统

3.1.1 室外排水概述

室外排水种类有生活污水、工业废水、雨水及冰雪融化水。

为了排除废水，城市需有完整的排水系统。排水系统由管道系统（排水管道网）和污水处理系统（污水处理厂）组成。

3.1.2 排水系统的体制及其选择

生活污水、工业废水和雨水的排除，可采用一个管渠系统排除，也可采用两个以上各自独立的管渠系统排除，这样的排水系统称为排水体制。排水体制有合流制和分流制两种。

1. 合流制排水系统

合流制排水系统是把生活污水、工业废水和雨水合在同一个管渠内排除的系统，见图3-1。

2. 分流制排水系统

分流制排水系统是把生活污水、工业废水和雨水分别在两个或两个以上各自独立的管渠内排除的系统，如图3-2所示。

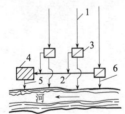

图 3-1　合流制排水系统

1—合流干管；2—截流主干管；3—溢流井；
4—污水厂；5—出水口；6—溢流出水口

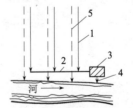

图 3-2　分流制排水系统

1—污水干管；2—污水主干管；3—污水厂；
4—出水口；5—雨水干管

3.2 常见室外排水系统的组成

3.2.1 城市污水排水系统的组成

分布在地面下的依靠重力流输送污水至泵站、污水厂或水体的管道系统称室外污水管道系统。室外污水管道系统又分为庭院或街坊管道系统以及街道管道系统。

1. 庭院或街坊管道系统

排水管等敷设在一个庭院内，并连接（各）房屋出户管的管道系统称庭院管道系统。排水管等敷设在一个街坊内，并连接一群房屋出户管或整个街坊内房屋出户管的管道系统称街坊管道系统，如图3-3所示。

该系统生活污水从室内管道系统流入庭院或街坊管道系统，然后再流入街道管道系统。为了检查庭院或街坊污水管道不使堵塞，在该系统的终点设置检查井。检查井（或称控制井）通常设在庭院内或房屋建筑界线内便于检查的地点。

2. 街道污水管道系统

排水管等敷设在街道下，用以排除庭院或街坊管道流来的污水。该系统由支管、干管、主干管等组成，见图3-4。街道污水管道系统也称市区污水管道系统。

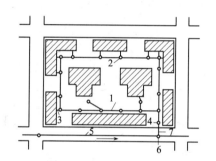

图3-3　庭院或街坊管道系统

1—污水管道；2—检查井；3—出户管；4—控制井；
5—街道管；6—街道检查井；7—连接管

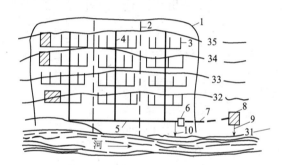

图3-4　街道污水管道系统

1—城市边界；2—排水流域分界线；3—支管；
4—干管；5—主干管；6—泵站；7—压力管道；
8—污水厂；9—出水口；10—事故排出口

3.2.2　工业废水排水系统的组成

工业废水排水系统组成如下：

1. 车间内部管道系统和设备；
2. 汇集各车间排出废水的厂区管道系统；
3. 废水处理厂（站）；
4. 污水泵站及压力管道。

3.2.3　排水系统的布置形式

排水系统的布置形式是根据地形条件为主要因素来决定的。同时兼顾到工业企业的分布、居民区人口密度以及河流、铁路等因素。图3-5所示为两种常见的排水系统的布置形式。

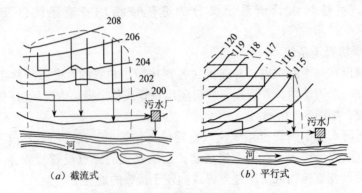

（a）截流式　　　　　　　（b）平行式

图 3-5　排水系统的布置形式

3.3　常见室外排水管渠的材料、接口及基础

3.3.1　排水管渠的材料

排水管渠有以下几种材料做成：

1. 混凝土管和钢筋混凝土管

混凝土管管径小于 400mm；钢筋混凝土管管径大于 400mm。接口有承插、企口、平口三种，如图 3-6 所示。

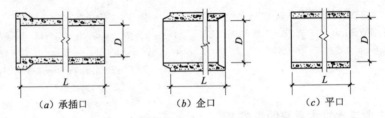

（a）承插口　　　　　　（b）企口　　　　　　（c）平口

图 3-6　混凝土管和钢筋混凝土管

2. 陶土管

一般的陶土管是用黏土烧成的，有无釉、单面釉、双面釉管。如用耐酸黏土和耐酸填充物，还可以制成特种耐酸陶土管。陶土管有承插和平口两种接口形式，如图 3-7 所示。直径不超过 600mm，长度为 400~800mm。

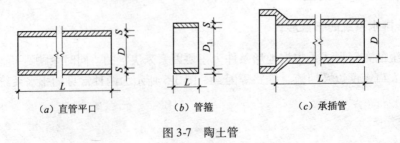

（a）直管平口　　　　　　（b）管箍　　　　　　（c）承插管

图 3-7　陶土管

　3. 大型排水渠道

　　大型排水渠道一般用砖石砌筑或混凝土块砌筑；也有采用钢筋混凝土现场浇制而成。图 3-8 是砌筑排水渠道。

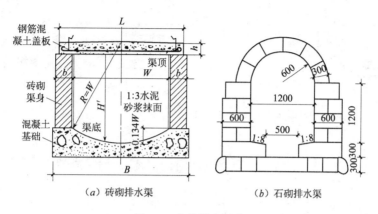

（a）砖砌排水渠　　　　　　（b）石砌排水渠

图 3-8　砌筑排水渠道

3.3.2　排水管道的接口

　　排水管道接口应具有足够的强度、不透水性、能抵抗污水或地下水的浸蚀，且要有一定的弹性。接口是根据弹性来分的，一般分为柔性、刚性和半柔半刚性三种接口形式。具体如下：

　1. 水泥砂浆接口

　　用于地基较好，管径较小时，在接口处用 1:3 水泥砂浆抹成半椭圆形或其他形状的砂浆带。带宽 120 ～ 150mm，属刚性接口，如图 3-9 所示。

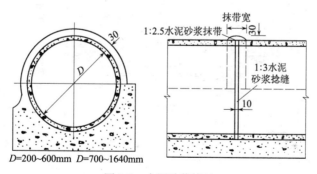

图 3-9　水泥砂浆接口

　2. 铁丝网水泥砂浆抹带接口

　　在抹带层内埋置 20 号 10mm × 10mm 方格的铁丝网。如图 3-10 所示，适用于管径较大的排水管道，属刚性接口。

　3. 石棉沥青卷材接口

　　柔性接口，如图 3-11 所示，沥青玛瑞脂是由沥青:石棉:细砂 =7.5:1:1.5 制成的卷材。

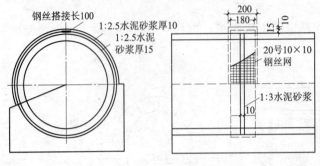

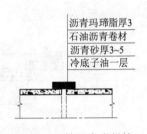

图 3-10　铁丝网水泥砂浆抹带接口　　　　　图 3-11　石棉沥青卷材接口

3.4　常见室外排水渠上的构筑物

3.4.1　雨水口、连接暗井

雨水口是由进水算、井筒和连接管三部分组成的，如图 3-12 所示。

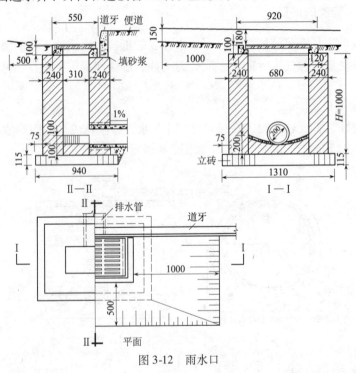

图 3-12　雨水口

3.4.2　检查井、跌水井、水封井

1. 检查井

管渠交汇、转弯、管渠尺寸或坡度改变等处，以及一定距离的直线管渠上须设置检查井，如图 3-13 所示。

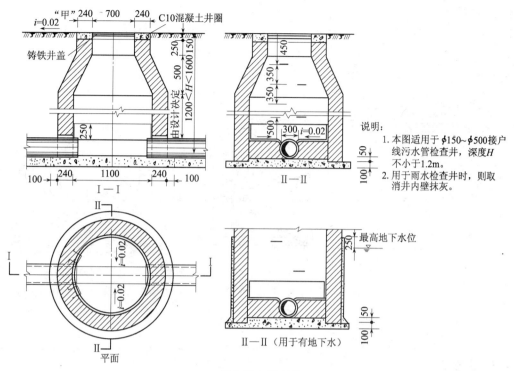

图 3-13　检查井

2. 跌水井

跌水井是设有消能设施的检查井。跌水井结构如图 3-14 所示。

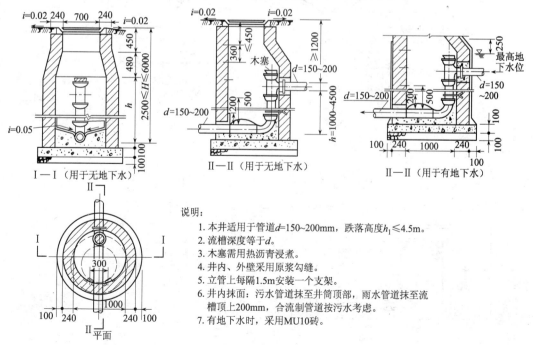

说明：
1. 本井适用于管道 $d=150\sim200$mm，跌落高度 $h_1\leqslant4.5$m。
2. 流槽深度等于 d。
3. 木塞需用热沥青浸煮。
4. 井内、外壁采用原浆勾缝。
5. 立管上每隔 1.5m 安装一个支架。
6. 井内抹面：污水管道抹至井筒顶部，雨水管道抹至流槽顶上 200mm，合流制管道按污水考虑。
7. 有地下水时，采用 MU10 砖。

图 3-14　跌水井

3. 水封井

生产污水、废水管道系统中应设置水封井，以防废水气体出来后引起爆炸或火灾等。水封井的位置应设在产生废水的生产装置、贮罐区、容器洗涤车间等的废水排出口处以及适当距离的干管上。水封井如图3-15所示。

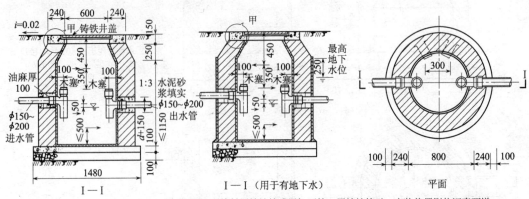

说明：进出水管材用铸铁管或用缸瓦管。用铸铁管时，安装前须刷热沥青两道。

图3-15　水封井

3.4.3　出水口

出水口是排水管渠排出废水用的，图3-16是常用的排水管渠的出水口施工图。

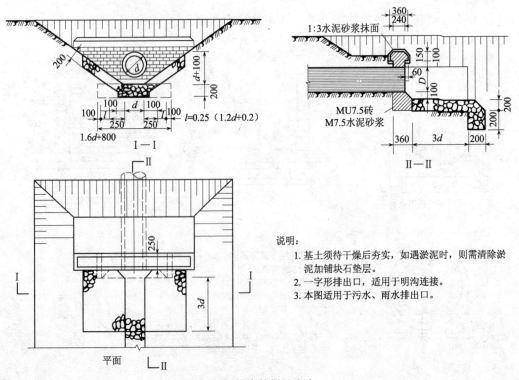

说明：
1. 基土须待干燥后夯实，如遇淤泥时，则需清除淤泥加铺块石垫层。
2. 一字形排出口，适用于明沟连接。
3. 本图适用于污水、雨水排出口。

图3-16　排水管渠的出水口

3.5　常见室外排水工程图的识读

室外排水管渠施工的主要图纸有平面图和纵断面图。在纵断面图可以看出管道沿线高程位置，它是和平面图相对应的。纵断面图上地面高程线用单线表示，管道高程线用双线表示，并标出检查井及沿线支管接入处的位置、管径、标高以及与其他地下管线或障碍物交叉的位置、标高。纵断面图还可以看出检查井编号、管径、管段长度、地面标高和管内底标高。注明管道材料及基础类型。

第4章 采暖工程

4.1 常见室内采暖系统

采暖系统有热水采暖系统、蒸汽采暖系统和热风采暖系统。

4.1.1 热水采暖系统

热水采暖系统可按下述方法分类：

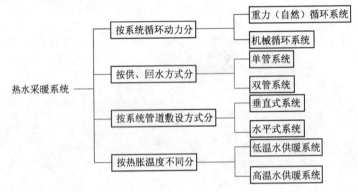

1. 重力（自然）循环热水采暖系统

图4-1是重力循环热水供暖系统的工作原理图。

供暖之前，先将系统中充满汽水。水在锅炉内加热，密度减小，同时受着从散热器流回来密度较大的回水的驱动，热水则沿供水平管上升，流入散热器。经散热器后，水被冷却，密度增大，再沿回水干管流回锅炉。这样就形成图4-1箭头所示的方向循环流动。

重力循环热水供暖系统的主要形式有单管和双管两类。图4-2左侧（a）为双管上供下回式系统，右侧（b）为单管上供下回顺流式系统。

重力循环热水采暖系统，其优点是设备简单，运行时无噪声，不消耗电能。其缺点是作用压力小，管径大，作用范围受到限制。通常只能在单幢建筑物中应用，其作用半径不宜超过50m。

2. 机械循环热水供暖系统

机械循环热水供暖系统是在系统中设置了循环水泵。水在系统中靠水泵的机械能强制循环。在机械循环系统中，由于水泵所产生的作用压力很大，因而供暖范围很大。机械循环热水供暖系统可用于单幢建筑物、多幢建筑物，甚至为区域热水供暖。

下面是常见的几种系统形式：

（1）上供下回热水采暖系统。图4-3为机械循环上供下回热水采暖系统工作原理图。

图的左侧为双管系统，图右侧为单管式系统。从图中可以看出，机械循环系统的膨胀水箱的连接位置与重力循环系统不同，多了循环水泵及排水装置。

（2）下供下回式热水采暖系统。从图4-4中可以看出，该系统的供水和回水干管都敷设在底层散热器下面。

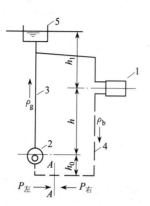

图4-1 重力循环热水供暖系统的工作原理图

1—散热器；2—热水锅炉；

3—供水管路；4—回水管路；

5—膨胀水箱

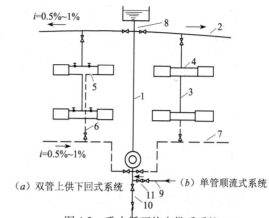

（a）双管上供下回式系统　　（b）单管顺流式系统

图4-2 重力循环热水供暖系统

1—总立管；2—供水干管；3—供水立管；4—散热器供水支管；

5—散热器回水支管；6—回水立管；7—回水干管；

8—膨胀水箱连接管；9—充水管（接上水管）；

10—泄水管（接下水道）；11—止回阀

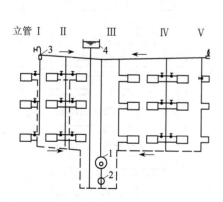

图4-3 机械循环上供下回热水采暖系统

1—热水锅炉；2—循环水泵；

3—集气装置；4—膨胀水箱

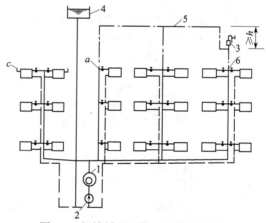

图4-4 机械循环下供下回式采暖系统

1—热水锅炉；2—循环水泵；3—集气罐；

4—膨胀水箱；5—空气管；6—冷风阀

（3）下供上回式采暖系统。从图4-5中可以看出，系统的供水干管设在下部，回水干管设在上部，顶部设置顺流式膨胀水箱。主管布置主要采用顺流式。

（4）水平式热水采暖系统。水平式系统有顺流式（图4-6）和跨越式（图4-7）两类。

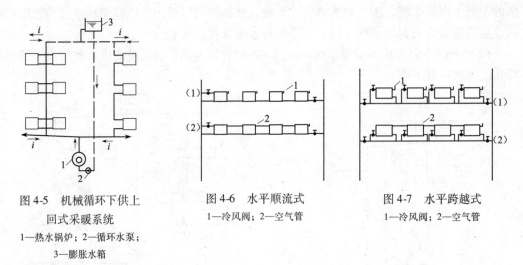

图 4-5　机械循环下供上
回式采暖系统

1—热水锅炉；2—循环水泵；
3—膨胀水箱

图 4-6　水平顺流式

1—冷风阀；2—空气管

图 4-7　水平跨越式

1—冷风阀；2—空气管

水平式热水采暖系统其优点是构造简单，便于施工和检修，热力稳定性好，有利于实行系统预制式安装。

3. 高层建筑热水采暖系统

高层建筑热水采暖系统有以下几种形式：

（1）分区式供暖系统。高层建筑供暖，垂直方向分成两个以上的独立系统，如图 4-8 及图 4-9 所示。图 4-8 是单水箱系统，图 4-9 是双水箱系统。

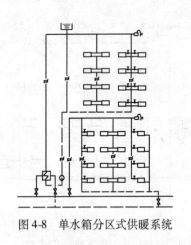

图 4-8　单水箱分区式供暖系统

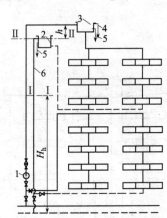

图 4-9　双水箱分区式供暖系统

1—加压水泵；2—回水箱；3—进水箱；
4—进水箱溢流管；5—信号管；
6—回水箱溢流管

（2）双线式系统。双线式系统常用的有垂直式（图 4-10）和水平式（图 4-11）两种。

（3）单、双管混合式系统。将散热器在垂直方向分成多组，每组内采用双管形式，组与组之间则用单管连接，就组成了单、双管混合式系统，如图 4-12 所示。

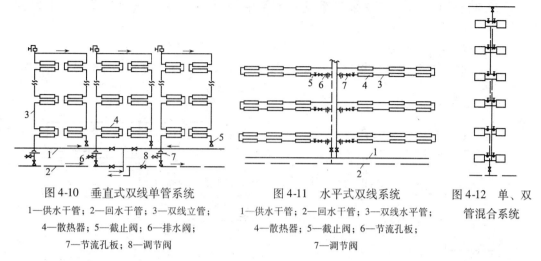

图 4-10　垂直式双线单管系统
1—供水干管；2—回水干管；3—双线立管；
4—散热器；5—截止阀；6—排水阀；
7—节流孔板；8—调节阀

图 4-11　水平式双线系统
1—供水干管；2—回水干管；3—双线水平管；
4—散热器；5—截止阀；6—节流孔板；
7—调节阀

图 4-12　单、双
管混合系统

4.1.2　蒸汽采暖系统

1. 蒸汽采暖系统的分类

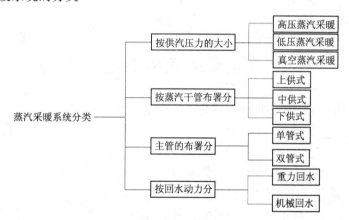

2. 低压蒸汽采暖系统

（1）重力回水低压蒸汽采暖系统。图 4-13 是重力回水低压蒸汽采暖系统工作示意图。图 4-13（a）是上供式，图 4-13（b）是下供式。

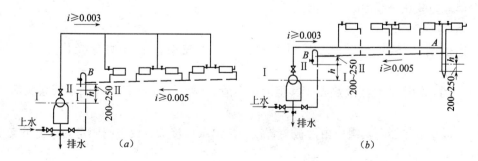

图 4-13　重力回水低压蒸汽采暖图

（2）机械回水低压蒸汽采暖系统。图 4-14 是机械回水低压蒸汽采暖工作原理图。

3. 高压蒸汽采暖系统

图 4-15 是高压蒸汽供热系统工作示意图。高压蒸汽采暖一般用在工业生产的厂房中。

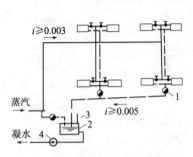

图 4-14　机械回水低压蒸汽采暖图

1—低压恒温式疏水管；2—凝水箱；
3—空气管；4—凝水管

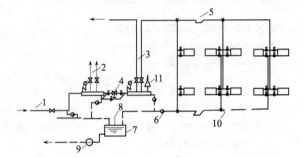

图 4-15　高压蒸汽供热系统图

1—室外蒸汽管；2—室内高压蒸汽供热管；3—室内高压蒸汽供暖管；
4—减压装置；5—补偿器；6—疏水器；7—开式凝水箱；
8—空气管；9—凝水泵；10—固定支点；11—安全阀

4.2　常见室内采暖系统的设备

室内采暖系统常用的散热设备有散热器、钢制辐射板和暖风机等。

4.2.1　散热器

常用的室内散热器是铸铁散热器和钢制散热器。

1. 铸铁散热器

铸铁散热器根据外形分为翼型及柱型两种。

（1）翼型散热器。翼型散热器又有圆翼型和长翼型，如图 4-16（a）、（b）所示。

（2）柱型散热器。柱型散热器如图 4-16（c）、（d）所示。根据散热面积的需要，可把各个单片组装在一起形成一组散热器。

2. 钢制散热器

室内钢制散热器，常用的有钢串片、板型、柱型、扁管型及光面排管型散热器。

（1）闭式钢串片对流散热器。其组成由钢管、钢片、联箱、放气阀及管接头等（图 4-17）。

（2）板型散热器。其组成由面板、背板、进出水口接头、放水门固定套及上下支架等（图 4-18）。

（3）钢制柱型散热器。其构造及外形与铸铁柱型散热器相似，如图 4-19 所示。

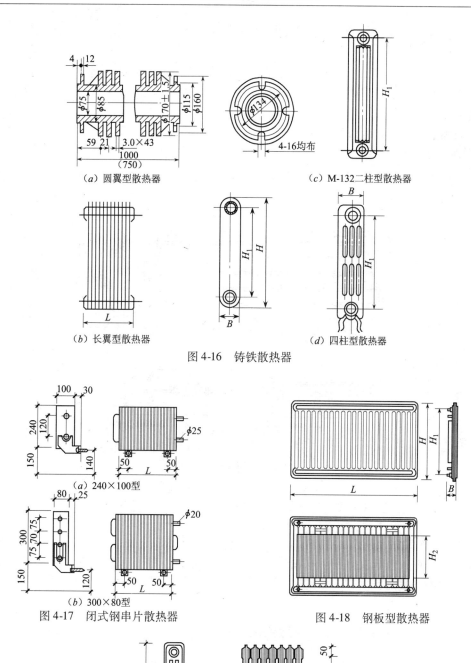

（a）圆翼型散热器

（c）M-132二柱型散热器

（b）长翼型散热器

（d）四柱型散热器

图 4-16　铸铁散热器

（a）240×100型

（b）300×80型

图 4-17　闭式钢串片散热器

图 4-18　钢板型散热器

图 4-19　钢制柱型散热器

4.2.2　钢制辐射板

散热器是以对流散热采暖的，钢制辐射板是以辐射传热采暖的。

钢制辐射板的辐射采暖，常用于大型工业厂房及大空间的民用建筑，如商场、体育馆、展览厅、车站。

钢制辐射板的形式有以下几种：

1. 块状辐射板

块状辐射板的构造示意图见图4-20。其特点是钢板薄，管径小，管距小。薄钢板的厚度一般为0.5~1.0mm。

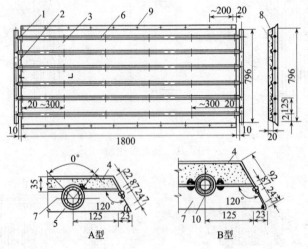

图4-20　块状辐射板

1—加热器；2—连接管；3—辐射板表面；4—辐射板背面；5—垫板；
6—等长双头螺栓；7—侧板；8—隔热材料；9—铆钉；10—内外管卡

2. 带状辐射板

将单块辐射板按长度方向串联而成，即是带状辐射板（图4-21）。带状辐射板长达数十米，通常沿房屋的长度方向布置。

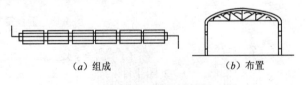

（a）组成　　　　　　　　（b）布置

图4-21　带状辐射板

4.2.3　暖风机

暖风机是热风供暖系统形式之一。暖风机是由通风机、电动机及空气加热器组合而成的联合机组。

暖风机从构造上分为轴流式和离心式两种。根据其使用热媒不同，又分为蒸汽暖风机、热水暖风机、蒸汽热水两用暖风机及冷热水两用暖风机。

1. 轴流式暖风机

轴流式暖风机具有体积小、结构简单、安装方便等优点，但它送出的热风气流射程短、出口风速低（图4-22）。轴流式风机一般悬挂或支架在墙上和柱上。

2. 离心式暖风机

离心式暖风机的特点是比轴流式暖风机的气流射程长、送风量和产热量大。离心式暖风机一般用于集中输送大量热风的供暖房屋中（图4-23）。

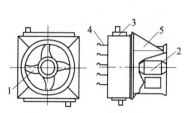

图4-22　轴流式暖风机
1—轴流式风机；2—电动机；3—加热器；
4—百叶片；5—支架

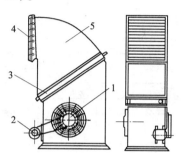

图4-23　离心式暖风机
1—离心式风机；2—电动机；3—加热器；
4—导流叶片；5—外壳

4.3　常见室内采暖工程图的识读

4.3.1　采暖工程图的识读内容

1. 首页图的识读

首页图有：施工说明、图例、采暖设计概况、设备材料表等内容。

2. 平面图的识读

（1）平面图上可看出墙、柱、门窗、踏步、楼梯、轴线号、开间尺寸、总尺寸、室内外地面标高和房间名称等建筑图的内容，首层右上角绘指北针。

（2）可以看出取暖设备的设计内容，如散热器位置（片数或长度）、立管位置及编号、管道及阀门、放风及泄水、固定卡、伸缩器、入口装置疏水器、管沟及人孔等。

3. 轴测图

轴测图是按45°轴测投影绘制的系统图，比例与平面图一致。从轴测图上可以看出干、立支管及散热器、阀门等系统配件。轴测图上还可看出散热器规格、各段管径、起终点标高、伸缩器及固定卡位置等。

4. 详图大样

详图是施工安装图册及国家标准图中未有且需详细交待的内容。

4.3.2　采暖工程图中常用图例

采暖工程图中常用图例见表4-1。

采暖工程常用图例　　　　表 4-1

图　例	名　称	图　例	名　称
———————	采暖热水供给管	———·—·——	热水回水管
— — — — —	采暖热水回水管	———————	排水管
—ᵣ—ᵣ—ᵣ—	蒸汽管	——▷◁——	闸　阀
—ᵣ——ᵣ—	凝结水管	——▶——	止回阀
— — — —	排气管	——⋈——	调节阀
——×——	循环管	——●——	截止阀
——⊢——	膨胀管	——●——	三通阀
—ᵣ—ᵣ—ᵣ—	压力凝结水管	——⊼——	安全阀
——R——	软化水管	▭　▢	散热器
——N——	盐水管	×　‡	固定卡
———··———	给水管	——▭▨——	减压阀
———··———	热水管	—□　□⊣	自动排气阀
⊖—⊤	立式集气罐	⊓　⊓	方形伸缩器
⊖—⊤	卧式集气罐	—▭—	套筒伸缩器
—⊤	温度表	⊠　⊘	水　泵
⊢　⊘	压力表	—○—	疏水器
——◇——	调压板	⊢—○—⊣	管沟及人孔
——○——	活接头	—⊘　Y	地　漏
⊖—　⊓	立式除污器	⊢×　Γ	水龙头
▭·—▭	卧式除污器	——ᴧᴧᴧ——	软接头

下篇

建筑水暖工程工程量清单计价

第6章 工程量清单

6.1 工程量清单概述

6.1.1 工程量清单的含义

工程量清单含义有：

1. 招标时，招标方根据招标工程，计算出全部项目和内容的分部分项工程实物量，列出清单，供投标单位逐项填写单价用于投标报价。

2. 中标人确定后，在承包合同中，工程量清单作用为计算工程价款的依据，工程量清单是承包合同的重要组成部分。

工程量清单的内容不仅是实物工程量，还包括措施清单等非实物工程量。

6.1.2 工程量清单的作用

1. 工程量清单是由招标方提供的统一的工程量，避免了由于计算不准确、项目不一致等人为因素造成的造价不准确，有利于投标方的准确报价。

2. 是计价和询标、评标的基础。工程量清单由招标人提供，标底的编制及投标报价都必须依靠清单。也为今后的询标、评标奠定基础。

3. 为施工过程中支付工程进度款提供依据。

4. 为办理工程结算、竣工结算及工程索赔提供依据。

6.1.3 工程量清单的编制内容及相关规定

工程量清单内容有分部分项工程量清单、措施项目清单、其他项目清单。

1. 分部分项工程量清单为不可调整的闭口清单。投标方对招标方提供的分部分项工程量清单须逐一计价，对清单的内容不允许作更改。投标人如果认为清单制定有不妥或遗漏，可通过质疑的方式由清单编制方作统一的修改更正，并将修正后的工程量清单发往所有投标人。

2. 措施项目清单为可调整清单。投标方对招标方清单中所列项目，可根据企业自身特点进行修改。清单一经报出，即被认为是包括了所有应该发生的措施项目的全部费用。如果报出的清单中没有列项，且施工中又必须发生的项目，业主有权认为，其已经综合在分部分项工程量清单的综合单价中。将来措施项目发生时，投标人不得以任何借口提出索赔与调整。

3. 其他项目清单由招标方和投标方两部分组成。招标方填写的内容随招标文件发至投标方（或标底编制人），其项目、数量、金额等投标人或标底编制人不得随意改动。由投标人填写部分的零星工作项目表中，招标人填写的项目与数量，投标人不得随意更改，且必须进行报价。如果不报价，招标人有权认为投标人就未报价内容无偿为自己服务。当投标人认为招标人列项不全时，投标人可自行增加列项并确定本项目的工程数量及计价。

6.2　工程量清单格式的组成内容

工程量清单格式由下列内容组成：

封面、总说明、分部分项工程量清单、措施项目清单、其他项目清单、零星工作项目表及主要材料价格表。

6.2.1　封面

封面（表 6-1）由招标人填写、签字、盖章。

封　　面 表 6-1

_____工程
工程量清单

招标人：_____（单位签字盖章）

法定代表人：_____（签字盖章）

中介机构：

法定代表人：_____（签字盖章）

造价工程师

及注册证号：_____（签字盖执业专用章）

编制时间：_____

6.2.2　总说明

总说明有以下内容：

1. 工程概况，如建设规模、工程特征、计划工期、施工现场实际情况、交通运输情况、自然地理条件、环境保护要求等。

2. 工程招标和分包范围。

3. 工程量清单编制依据。

4. 工程质量、材料、施工等的特殊要求。

5. 招标人自行采购材料的名称、规格型号、数量等。

6. 其他项目清单中招标人部分（包括预留金、材料购置费等）的金额数量。

7. 其他需说明的问题。

8. 分部分项工程量清单的编制依据如下：

（1）《建设工程工程量清单计价规范》（GB 50500—2003）。

（2）招标文件。

（3）设计文件。

（4）有关的工程施工规范与工程验收规范。

（5）拟采用的施工组织设计和施工技术方案。

6.2.3　分部分项工程量清单的编制

分部分项工程量清单表格形式，见表6-2。

分部分项工程量清单　　　　　　　　　　　　　　表6-2

工程名称：　　　　　　　　　　　　　　　　　　　　　　　　　第　页　共　页

序　号	项目编码	项　目　名　称	计量单位	工程数量

1. 项目编码

分部分项工程量清单的项目编码共有九位，前九位应按《建设工程工程量清单计价规范》（GB 50500—2003）的附录 A、附录 B 规定设置；十至十二位应根据拟建工程的工程量清单项目名称由其编制人设置，并应自001起顺序编制。

项目编码以五级编码设置，结构如图6-1所示（以建筑工程为例）：

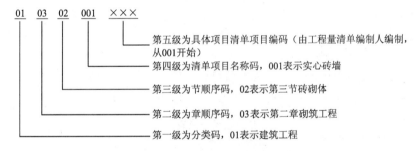

图6-1　工程量清单项目编码结构

2. 项目名称

规范3.2.4条规定："项目名称应按附录 A、附录 B、附录 C、附录 D、附录 E 的项目名称与项目特征并结合拟建工程的实际确定。"

项目名称以形成工程实体而命名。项目名称如有缺项，招标方可进行补充，并报当地工程造价管理部门备案。

3. 计量单位

分部分项工程量清单的计量单位应按规范附录 E 规定的计量单位确定。

计量单位应采用基本单位，除各专业另有特殊规定外，均按以下单位计量：

（1）以重量计算的项目——t 或 kg

（2）以体积计算的项目——m^3

（3）以面积计算的项目——m^2

（4）以长度计算的项目——m

（5）以自然计量单位计算的项目——个、套、块、樘、组、台……

（6）没有具体数量的项目——系统、项

各专业有特殊计量单位的，再另外加以说明。

4. 工程数量

工程数量应按规范中规定的工程量计算规则计算。

工程数量主要通过工程量计算得到。工程量计算规则是指对清单项目工程量的计算规定。除另有说明外，所有清单项目的工程量应以实体工程量为准，并以完成后的净值计算；投标人投标报价时，应在单价中考虑施工中的各种损耗的工程量。

6.2.4 措施项目清单的编制

措施项目清单的内容，是指为完成工程项目施工，发生在施工过程中技术、生活、安全等方面的非工程实体项目，将发生的项目名称列入表格中。

1. 措施项目清单的编制依据

措施项目清单的编制应依据如下：

（1）拟建工程的施工组织设计。

（2）拟建工程的施工技术方案。

（3）与拟建工程相关的工程施工规范与工程验收规范。

（4）招标文件。

（5）设计文件。

2. 措施项目清单的编制内容

分部分项工程量清单中没有写进去的项目，可以在措施项目清单中写出。

措施项目清单应根据拟建工程的具体情况，参照表6-3列项。

措施项目一览表　　　　　　　　　　　　　　　　　表6-3

序　号	项　目　名　称
1　通　用　项　目	
1.1	环境保护
1.2	文明施工
1.3	安全施工
1.4	临时设施
1.5	夜间施工
1.6	二次搬运
1.7	大型机械设备进出场及安拆
1.8	混凝土、钢筋混凝土模板及支架
1.9	脚手架
1.10	已完工程及设备保护
1.11	施工排水、降水
2　建　筑　工　程	
2.1	垂直运输机械

3. 措施项目清单的编制方法

（1）按规范拟定措施项目清单

措施项目清单的内容还涉及水文、气象、环境、安全等和施工企业的实际情况。规范提供"措施项目一览表"，作为列项的参考。表中"通用项目"所列内容是指各专业工程的"措施项目清单"中均可列的措施项目。措施项目清单以"项"为计量单位，相应数量为"1"。

（2）按技术文件拟定措施项目清单

措施项目内容太多，"措施项目一览表"中不能全部列出。表中未列的措施项目，工程量清单编制人可作补充。补充项目应列在清单项目最后，并在"序号"栏中以"补"字示之。

6.2.5　其他项目清单的编制

在招标投标过程中，某些不可预见发生费用的项目，称为其他项目清单。

1. 其他项目清单表形式

其他项目清单表格形式，见表6-4。

其 他 项 目 清 单　　　　　　　　　表6-4

工程名称：　　　　　　　　　　　　　　　　　　　　　　第 页共 页

序　　号	项　目　名　称
1	招标人部分
1.1	预留金
1.2	材料购置费
1.3	其他
2	投标人部分
2.1	总承包服务费
2.2	零星工作费
2.3	其他

2. 其他项目清单的编制

其他项目清单规范规定如下：

（1）招标人部分，内容有预留金、材料购置费等。预留金是指招标人为可能发生的工程量变更而预留的金额；

（2）投标人部分，内容有总承包服务费、零星工作项目费等。总承包服务费是指为配合协调招标人进行的工程分包和材料采购所需的费用，零星工作项目费是指完成招标人提出的不能以实物计量的零星工作项目所需的费用；

（3）其他项目清单出现缺项时，清单编制人可作补充，补充项目应列在清单项目最后，并以"补"字在"序号"栏中示之。

6.2.6　零星工作项目清单的编制

零星工作项目清单是工程量暂估的零星工作项目。

1. 零星工作项目表

零星工作项目表，见表6-5。

零星工作项目表　　　　　　　　　　　表 6-5

工程名称：　　　　　　　　　　　　　　　　　　　　　　第 页共 页

序　号	名　　　称	计量单位	数　　量
1	人工		
2	材料		
3	机械		

2. 零星工作项目清单的编制

零星工作项目表应根据拟建工程的具体情况，由招标方预测，按下列规定进行编制。

（1）名称：人工按工种名称列项，材料、机械按名称并结合规格、型号等特征进行列项。

（2）计量单位：按基本计量单位编制。

（3）数量：按可能发生的数量暂估。

6.3　水暖工程量计算规则

工程量清单的工程量须按照国家规范《建设工程工程量清单计价规范》规定的工程量计算规则计算，现将规范中水暖工程量清单项目及计算规则摘录如下：

1. 给水排水、采暖、燃气管道。工程量清单项目设置及工程量计算规则，应按表6-6的规定执行。

给水排水、采暖管道（编码：030801）　　　　　　表 6-6

项目编码	项目名称	项目特征	计量单位	工程量计算规则	工程内容
030801001	镀锌钢管	1. 安装部位（室内、外） 2. 输送介质（给水、排水、热媒体、燃气、雨水） 3. 材质 4. 型号、规格 5. 连接方式 6. 套管形式、材质、规格 7. 接口材料 8. 除锈、刷油、防腐、绝热及保护层设计要求	m	按设计图示管道中心线长度以延长米计算，不扣除阀门、管件（包括减压器、疏水器、水表、伸缩器等组成安装）及各种井类所占的长度；方形补偿器以其所占长度按管道安装工程量计算	1. 管道、管件及弯管的制作、安装 2. 管件安装（指铜管管件、不锈钢管管件） 3. 套管（包括防水套管）制作、安装 4. 管道除锈、刷油、防腐 5. 管道绝热和保护层安装、除锈、刷油 6. 给水管道消毒、冲洗 7. 水压及泄漏试验
030801002	钢管				
030801003	承插铸铁管				
030801004	柔性抗震铸铁管				
030801005	塑料管（UPVC、PVC、PP-C、PP-R、PE 管等）				
030801006	橡胶连接管				
030801007	塑料复合管				
030801008	钢骨架塑料复合管				
030801009	不锈钢管				
0308010010	铜管				
0308010011	承插缸瓦管				
0308010012	承插水泥管				
0308010013	承插陶土管				

2. 管道支架制作安装。工程量清单项目设置及工程量计算规则，应按表 6-7 的规定执行。

管道支架制作安装（编码：030802）　表 6-7

项目编码	项目名称	项目特征	计量单位	工程量计算规则	工程内容
030802001	管道支架制作安装	1. 形式 2. 除锈、刷油设计要求	kg	按设计图示质量计算	1. 制作、安装 2. 除锈、刷油

3. 管道附件。工程量清单项目设置及工程量计算规则，应按表 6-8 的规定执行。

管道附件（编码：030803）　表 6-8

项目编码	项目名称	项目特征	计量单位	工程量计算规则	工程内容
030803001	螺纹阀门	1. 类型 2. 材质 3. 型号、规格	个	按设计图示数量计算（包括浮球阀、手动排气阀、液压式水位控制阀，不锈钢阀门、煤气减压阀、液相自动转换阀、过滤阀等）	安装
030803002	螺纹法兰阀门				
030803003	焊接法兰阀门				
030803004	带短管甲乙的法兰阀				
030803005	自动排气阀				
030803006	安全阀				
030803007	减压器	1. 材质 2. 型号、规格 3. 连接方式	组	按设计图示数量计算	
030803008	疏水器		组		
030803009	法兰		副		
030803010	水表		组		
030803011	燃气表	1. 公用、民用、工业用 2. 型号、规格	块		1. 安装 2. 托架及表底基础制作、安装
030803012	塑料排水管消声器	型号、规格		按设计图示数量计算 注：方形伸缩器的两臂，按臂长的 2 倍合并在管道安装长度内计算	
030803013	伸缩器	1. 类型 2. 材质 3. 型号、规格 4. 连接方式	个		
030803014	浮标液面计	型号、规格	组		安装
030803015	浮标水位标尺	1. 用途 2. 型号、规格	套		
030803016	抽水缸	1. 材质 2. 型号、规格		按设计图示数量计算	
030803017	燃气管道调长器		个		
030803018	调长器与阀门连接	型号、规格			

4. 卫生器具制作安装。工程量清单项目设置及工程量计算规则，应按表 6-9 的规定执行。

卫生器具制作安装（编码：030804）　　　　　　　表 6-9

项目编码	项目名称	项目特征	计量单位	工程量计算规则	工程内容
030804001	浴盆	1. 材质 2. 组装形式 3. 型号 4. 开关	组	按设计图示数量计算	器具、附件安装
030804002	净身盆				
030804003	洗脸盆				
030804004	洗手盆				
030804005	洗涤盆 （洗菜盆）				
030804006	化验盆				
030804007	淋浴盆	1. 材质 2. 组装方式 3. 型号、规格	套		
030804008	淋浴间				
030804009	桑拿浴房				
030804010	按摩浴缸				
030804011	烘手机				
030804012	大便器				
030804013	小便器				
030804014	水箱制作安装	1. 材质 2. 类型 3. 型号、规格			1. 制作 2. 安装 3. 支架制作、安装及除锈、刷油 4. 除锈、刷油
030804015	排水栓	1. 带存水弯、不带存水弯 2. 材质 3. 型号、规格	组		安装
030804016	水龙头	1. 材质 2. 型号、规格	个		
030804017	地漏				
030804018	地面扫除口				
030804019	小便槽冲洗管制作安装		m		制作、安装
030804020	热水器	1. 电能源 2. 太阳能源	台		1. 安装 2. 管道、管件、附件安装 3. 保温
030804021	开水炉	1. 类型 2. 型号、规格 3. 安装方式	台		安装
030804022	容积式 热交换器				1. 安装 2. 保温 3. 基础砌筑
030804023	蒸汽——水 加热器	1. 类型 2. 型号、规格	套		1. 安装 2. 支架制作、安装 3. 支架除锈、刷油
030804024	冷热水混合器				安装
030804025	电消毒器		台		
030804026	消毒锅				
030804027	饮水器		套		

5. 供暖器具。工程量清单项目设置及工程量计算规则，应按表 6-10 的规定执行。

供暖器具（编码：030805） 表 6-10

项目编码	项目名称	项目特征	计量单位	工程量计算规则	工程内容
030805001	铸铁散热器	1. 型号、规格 2. 除锈、刷油设计要求	片	按设计图示数量计算	1. 安装 2. 除锈、刷油
030805002	钢制闭式散热器				安装
030805003	钢制板式散热器		组		1. 制作、安装 2. 除锈、刷油
030805004	光排管散热器制作安装	1. 型号、规格 2. 管径 3. 除锈、刷油设计要求	m		
030805005	钢制壁板式散热器	1. 质量 2. 型号、规格	组		安装
030805006	钢制柱式散热器	1. 片数 2. 型号、规格			
030805007	暖风机	1. 质量 2. 型号、规格	台		
030805008	空气幕				

6. 燃气器具。工程量清单项目设置及工程量计算规则，应按表 6-11 的规定执行。

燃气器具（编码：030806） 表 6-11

项目编码	项目名称	项目特征	计量单位	工程量计算规则	工程内容
030806001	燃气开水炉	型号、规格	台	按设计图示数量计算	安装
030806002	燃气采暖炉				
030806003	沸水器	1. 容积式沸水器、自动沸水器、燃气消毒器 2. 型号、规格			
030806004	燃气快速热水器	型号、规格			
030806005	气灶具	1. 民用、公用 2. 人工煤气灶具、液化石油气灶具、天然气燃气灶具 3. 型号、规格			
030806006	气嘴	1. 单嘴、双嘴 2. 材质 3. 型号、规格 4. 连接方式	个		

7. 采暖工程系统调整。工程量清单项目设置及工程量计算规则，应按表 6-12 的规定执行。

采暖工程系统调整（编码：030807） 表 6-12

项目编码	项目名称	项目特征	计量单位	工程量计算规则	工程内容
030807001	采暖工程系统调整	系统	系统	按由采暖管道、管件、阀门、法兰、供暖器具组成采暖工程系统计算	系统调整

8. 其他相关问题，应按下列规定处理：

（1）管道界限的划分：

1）给水管道室内外界限划分：以建筑物外墙皮 1.5m 为界，入口处设阀门者以阀门为界。与市政给水管道的界限应以水表井为界；无水表井的，应以与市政给水管道碰头点为界。

2）排水管道室内外界限划分：应以出户第一个排水检查井为界。室外排水管道与市政排水管道界限应以与市政管道碰头井为界。

3）采暖热源管道室内外界限划分：应以建筑物外墙皮 1.5m 为界，入口处设阀门者应以阀门为界；与工业管道的界限应以锅炉房或泵站外墙皮 1.5m 为界。

4）燃气管道内外界限划分：地下引入室内的管道应以室内第一个阀门为界，地上引入室内的管道应以墙外三通为界；室外燃气管道与市政燃气管道应以两者的碰头点为界。

（2）凡涉及到管沟及井类的土石方开挖、垫层、基础、砌筑、抹灰、地井盖板预制安装、回填、运输，路面开挖及修复、管道支墩等，应按规范相关项目编码列项。

第7章 工程量清单计价

7.1 工程量清单计价有关规定

《建设工程工程量清单计价规范》（GB 50500—2003）中关于工程量清单计价的条文共10条，具体如下：

1. 实行工程量清单计价招标投标的建设工程，其招标标底、投标报价的编制、合同价款确定调整、工程结算应按本规范执行。

2. 工程量清单计价应包括按招标文件规定，完成工程量清单所列项目的全部费用，包括分部分项工程费、措施项目费、其他项目费和规费、税金。

3. 工程量清单应采用综合单价计价。综合单价计价内容有完成规定计量单位、合格产品所需的全部费用，但规费、税金除外。

4. 分部分项工程量清单的综合单价，应根据《建设工程工程量清单计价规范》规定的综合单价组成，按设计文件或参照其附录A、附录B、附录C、附录D、附录E中的"工程内容"确定。

5. 措施项目清单的金额，应根据拟建工程的施工方案或施工组织设计，参照《建设工程工程量清单计价规范》规定的综合单价组成确定。

6. 其他项目清单的金额应按下列规定确定：

（1）招标人部分的金额可按估算金额确定。

（2）投标人部分的总承包服务费应根据招标人提出要求所发生的费用确定，零星工作项目费应根据"零星工作项目计价表"确定。

（3）零星工作项目的综合单价应参照本规范的综合单价组成填写。

7. 招标工程如设标底，标底应根据招标文件中的工程量清单和有关要求、施工现场实际情况、合理的施工方法以及按照省、自治区、直辖市建设行政主管部门制定的有关工程造价计价办法进行编制。

8. 投标报价应根据招标文件中的工程量清单和有关要求、施工现场实际情况及拟定的施工方案或施工组织设计，依据企业定额和市场价格信息，或参照建设行政主管部门发布的社会平均消耗量定额进行编制。

9. 合同中综合单价因工程量变更需调整时，除合同另有约定外，应按照下列办法确定：

（1）工程量清单漏项或设计变更引起新的工程量清单项目，其相应综合单价由承包人提出，经发包人确认后作为结算的依据。

（2）由于工程量清单的工程数量有误或设计变更引起工程量增减，属合同幅度以内的，应执行原有的综合单价；属合同约定幅度以外的，其增加部分的工程量或减少后剩余部分的工程量的综合单价由承包人提出，经发包人确定后，作为结算的依据。

10. 由于工程量的变更，且实际发生了除以上第9条所述情况以外的费用损失，承包人可提出索赔要求，与发包人协商确认后，给予补偿。合同履行过程中，引起索赔的原因很多，工程量清单计价规范强调了上述第9条的索赔情况，同时也不否认其他原因发生的索赔或工程发包人可能提出的索赔。

7.2　工程量清单计价格式

工程量清单计价应采用统一格式。工程量清单计价格式应由下列内容组成：封面、投标总价、工程项目总价表、单项工程费汇总表、单位工程费汇总表、分部分项工程量清单计价表、措施项目清单计价表、其他项目清单计价表、零星工作项目计价表、分部分项工程量清单综合单价分析表、措施项目费分析表、主要材料价格表等，现分别解释如下：

1. 封面

封面格式如下：

```
　　　　　　　　　　　　工程


　　工程量清单报价表


　　投 标 人：_____（单位签字盖章）

　　法定代表人：_____（签字盖章）

　　造价工程师
　　及注册证号：_____（签字盖执业专用章）

　　编制时间：_____
```

2. 投标总价

投标总价应按工程项目总价表合计金额填写。

投标格式如下：

```
　　投标总价


　　　建设单位：_____

　　　工程名称：_____

　　　投标总价(小写)_____

　　　　　　　(大写)_____

　　　投 标 人：_____（单位签字盖章）

　　　法定代表人：_____（签字盖章）

　　　编制时间：_____
```

3. 工程项目总价表

工程项目总价表

工程名称：　　　　　　　　　　　　　　　　　　　　　　　第　页共　页

序　号	单项工程名称	金　额　（元）
	合　计	

注：（1）单项工程名称应按单项工程费汇总表的工程名称填写。（2）金额应按单项工程费汇总表的合计金额填写。

4. 单项工程费汇总表

单项工程汇费总表

工程名称：　　　　　　　　　　　　　　　　　　　　　　　第　页共　页

序　号	单位工程名称	金　额　（元）
	合　计	

注：（1）单位工程名称应按单位工程费汇总表的工程名称填写。（2）金额应按单位工程费汇总表的合计金额填写。

5. 单位工程费汇总表

单位工程费汇总表

工程名称：　　　　　　　　　　　　　　　　　　　　　　　第　页共　页

序　号	项　目　名　称	金　额　（元）
1	分部分项工程量清单计价合计	
2	措施项目清单计价合计	
3	其他项目清单计价合计	
4	规费	
5	税金	
	合　计	

注：表中的各项金额应分别按照分部分项工程量清单计价表、措施项目清单计价表和其他项目清单计价表的合计金额和按有关规定计算的规费、税金填写。

6. 分部分项工程量清单计价表

分部分项工程量清单计价表

工程名称：　　　　　　　　　　　　　　　　　　　　　　　第　页共　页

序　号	项目编码	项目名称	计量单位	工程数量	金额（元）	
					综合单价	合　价
		本页小计				
		合　计				

注：表中的序号、项目编码、项目名称、计量单位、工程数量应按分部分项工程量清单中的相应内容填写。

7. 措施项目清单计价表

措施项目清单计价表

工程名称：　　　　　　　　　　　　　　　　　　　　　　　　　　　第 页共 页

序　号	单项工程名称	金　额　（元）
	合　计	

注：序号、项目名称应按措施项目清单中的相应内容填写，投标人可根据施工组织设计采取措施补充项目名称。

8. 其他项目清单计价表

其他项目清单计价表

工程名称：　　　　　　　　　　　　　　　　　　　　　　　　　　　第 页共 页

序　号	项　目　名　称	金　额　（元）
1	招标人部分	
	小　计	
2	投标人部分	
	小　计	
	合　计	

注：表中的序号、项目名称应按其他项目清单中的相应内容填写，招标人部分的金额必须按其他项目清单中招标人提出的数额填写。

9. 零星工作项目计价表

零星工作项目计价表

工程名称：　　　　　　　　　　　　　　　　　　　　　　　　　　　第 页共 页

序号	名　　称	计量单位	数　量	金　额　（元）	
				综　合	合　价
1	人工				
	小计				
2	材料				
	小计				
3	机械				
	小计				
	合计				

注：表中的人工、材料、机械名称、计量单位和相应数量应按零星工作项目表中相应的内容填写，工程竣工后零星工作费应按实际完成的工程量所需费用（其综合单价为零星工作项目所报综合单价）结算。

10. 分部分项工程量清单综合单价分析表

分部分项工程量清单综合单价分析表

工程名称：　　　　　　　　　　　　　　　　　　　　　　　　　　　　　　　　　　　　　第 页 共 页

序 号	项目编码	项目名称	工程内容	综合单价组成					综合单价
				人工费	材料费	机械使用费	管理费	利润	

注：本表应由招标人根据需要提出要求后填写。

11. 措施项目费分析表

措施项目费分析表

工程名称：　　　　　　　　　　　　　　　　　　　　　　　　　　　　　　　　　　　　　第 页 共 页

序 号	措施项目	单 位	数 量	金 额 （元）					
				人工费	材料费	机械使用费	管理费	利润	小计

注：本表应由招标人根据需要提出要求后填写。

12. 主要材料价格表

主要材料价格表

工程名称：　　　　　　　　　　　　　　　　　　　　　　　　　　　　　　　　　　　　　第 页 共 页

序 号	材料编码	材料名称	规格、型号等特殊要求	单位	单价（元）

注：（1）招标人提供的主要材料的价格表应包括详细的材料编码、材料名称、规格型号和计量单位等。（2）投标人所填写的单价必须与工程量清单计价中采用的相应材料的单价一致。

第8章 工程量清单计价取费

8.1 工程造价构成与计算程序

8.1.1 建设工程造价构成

建设工程造价由直接费、间接费、利润和税金组成，见表8-1。

建设工程造价构成表 表 8-1

建设工程造价	直接费	直接工程费	1. 人工费
			2. 材料费
			3. 施工机械使用费
		措施费 施工技术措施费	1. 大型机械进出场及安拆费
			2. 混凝土、钢筋混凝土模板及支架费
			3. 脚手架费
			4. 已完工程及设备保护费
			5. 施工排水、降水费
			6. 垂直运输机械及超高增加费
			7. 构件运输及安装费
			8. 其他施工技术措施费
			9. 总承包服务费
		施工组织措施费	10. 环境保护费
			11. 文明施工费
			12. 安全施工费
			13. 临时设施费
			14. 夜间施工费
			15. 二次搬运费
			16. 冬雨期施工增加费
			17. 工程定位复测、工程交点、场地清理费
			18. 室内环境污染物检测费
			19. 缩短工期措施费
			20. 生产工具用具使用费
			21. 其他施工组织措施费

续表

建设工程造价	间接费	企业管理费	1. 管理人员工资
			2. 办公费
			3. 差旅交通费
			4. 固定资产使用费
			5. 工具用具使用费
			6. 劳动保险费
			7. 工会经费
			8. 职工教育经费
			9. 财产保险费
			10. 财务费
			11. 税金
			12. 其他
		规费	1. 工程排污费
			2. 工程定额测定费
			3. 社会保障费（1. 养老保险费 2. 失业保险费 3. 医疗保险费）
			4. 住房公积金
			5. 危险作业意外伤害保险
	利润		
	税金		

注：表中措施费仅列通用项目，各专业工程的措施项目可根据拟建工程的具体情况确定。

1. 直接费

直接费由直接工程费和措施费组成。

（1）直接工程费：是指施工过程中耗费的构成工程实体的各项费用，包括人工费、材料费、施工机械使用费。

1）人工费：是指直接从事建设工程施工的生产工人开支的各项费用，内容包括：

①基本工资：是指发放给生产工人的基本工资。

②工资性补贴：是指按规定标准发放的工资有关补贴，详见建标〔2003〕206 号文。

③生产工人辅助工资：是指生产工人年有效施工天数以外非作业天数的工资，包括职工学习、培训期间的工资，调动工作、探亲、休假期间的工资，因气候影响的停工工资，女工哺乳期间的工资，病假在六个月以内的工资及产、婚、丧假期的工资。

④职工福利费：是指按规定标准计提的职工福利费。

⑤生产工人劳动保护费：是指按规定标准发放的劳动保护用品的购置费及修理费，徒工服装补贴，防暑降温费，在有碍身体健康环境中施工的保健费用等。

2）材料费：是指施工过程中耗费的构成工程实体的原材料、辅助材料、构配件、零件、半成品的费用。内容包括：

①材料原价（或供应价格）。

②材料运杂费：是指材料自来源地运至工地仓库或指定堆放地点所发生的全部费用。

③运输耗损费：是指材料在运输装卸过程中不可避免的损耗。

④采购及保管费：是指为组织采购、供应和保管材料过程中所需要的各项费用。包括：采购费、仓储费、工地保管费、仓储耗损。

⑤检验试验费：是指对建筑材料、构件和建筑安装物进行一般鉴定、检查所发生的费用，包括自设实验室进行实验所耗用的材料和化学药品等费用。不包括新结构、新材料的试验费和建设单位对具有出厂合格证明的材料进行检验，对构件做破坏性试验及其他特殊要求检验试验的费用。

3）施工机械使用费：是指施工机械作业所发生的机械使用费以及机械安拆费和场外运费。

施工机械台班单价应由下列七项费用组成：

①折旧费：指施工机械在规定的使用年限内，陆续收回其原值及购置资金的时间价值。

②大修理费：指施工机械按规定的大修理间隔台班进行必要的大修理，以恢复其正常功能所需的费用。

③经常修理费：指施工机械除大修理以外的各级保养和临时故障排除所需的费用。包括为保障机械正常运转所需替换设备与随机配备工具附具的摊销和维护费用，机械运转中日常所需润滑与擦拭的材料费用及机械停滞期间的维护和保养费用等。

④安拆费及场外运费：安拆费指施工机械在现场进行安装与拆卸所需的人工、材料、机械和试运转费用以及机械辅助设施的折旧、搭设、拆除等费用；场外运费指施工机械整体或分体自停放地点运至施工现场或由一施工地点运至另一个施工地点的运输、装卸、辅助材料及架线等费用。

⑤人工费：指机上司机（司炉）和其他操作人员的工作日人工费用及上述人员在施工机械规定的年工作台班以外的人工费。

⑥燃料动力费：指施工机械在运转作业中所消耗的固体燃料（煤、木柴）、液体燃料（汽油、柴油）及水、电等费用。

⑦养路费及车船使用税：指施工机械按照国家规定和有关部门规定应交纳的养路费、车船使用税、保险费及年检费等。

（2）措施费：是指为完成工程项目施工，发生于该工程施工前和施工过程中非工程实体项目的费用。由施工技术措施费和施工组织措施费组成。定额中所列项目是通用项目，专用项目应结合各专业工程和拟建工程的具体情况确定。

1）施工技术措施费内容包括：

①大型机械进出场及安拆费：是指机械整体或分体自停放地点运至施工现场或由某一施工地点运至另一个施工地点，所发生的机械进出场运输转移费用及机械在施工现场进行安装、拆卸所需的人工费、材料费、机械费、试运转费和安装所需的辅助设施的费用。

②混凝土、钢筋混凝土模板及支架费：是指混凝土施工过程中需要的各种钢模板、木模板、支架等的支、拆、运输费用及模板、支架的摊销（或租赁）费用。

③脚手架费：是指施工需要的各种脚手架搭、拆、运输费用及脚手架的摊销（或租赁）费用。

④已完工程及设备保护费：是指竣工验收前，对已完工程及设备进行保护所需的费用。

⑤施工排水、降水费：是指为确保工程在正常条件下施工，采取各种排水、降水措施，降低地下水位所发生的各种费用。

⑥垂直运输机械及超高增加费：指工程施工需要的垂直运输机械使用费和建筑物高度超过20m时，人工、机械降效等所增加的费用。

⑦构件运输及安装费：指混凝土、金属构件、门窗等自堆放地或构件加工厂至施工吊装点的运输费用，以及混凝土、金属构件的吊装费用。

⑧其他施工技术措施费：是指根据各专业特点、各地区和工程情况所需增加的施工技术措施费用。

⑨总承包服务费：指为配合、协调招标人进行的工程分包和材料采购所需的费用。

2）施工组织措施费内容包括：

①环境保护费：是指施工现场为达到环保部门要求所需要的各项费用。

②文明施工费：是指施工现场文明施工所需要的各项费用。

③安全施工费：是指施工现场安全施工所需要的各项费用。一般包括安全防护用具和服装，施工现场的安全警示、消防设施、灭火器材、安全教育培训，安全检查和编制安全措施方案等发生的费用。

④临时设施费：是指施工企业为进行建筑工程施工所必须搭设的生活和生产用的临时建筑物、构筑物和其他临时设施费用等。

临时设施包括：临时宿舍、文化福利及公用事业房屋与构筑物，仓库、办公室、加工厂以及规定范围内道路、水、电、管线等临时设施和小型临时设施。

临时设施费用包括：临时设施的搭设、维修、拆除费或摊销费。

⑤夜间施工费：是指因夜间施工所发生的夜班补助费、夜间施工降效、夜间施工照明设备摊销及照明用电等费用。

⑥二次搬运费：是指因施工场地狭小等特殊情况而发生的二次搬运费用。

⑦冬雨期施工增加费：指在冬期、雨期施工期间，为保证工程质量，采取保温、防护措施所增加的费用，防雨、防滑、排雨水等措施费，以及因工效和机械作业效果降低所增加的费用。

⑧工程定位复测、工程点交、场地清理费：是指开工前测量、定位、钉龙门板桩及经规划部门派员复测的费用；办理竣工验收，进行工程点交的费用；以及竣工后室内清扫等场地清理所发生的费用。

⑨室内环境污染物检测费：是指为保护公众健康，维护公共利益，对民用建筑中由于建筑材料和装修材料产生的室内环境污染物进行检测所发生的费用。

⑩缩短工期措施费：是指由于建设单位原因，要求施工工期少于合理工期、施工单位为满足工期的要求而采取相应措施发生的费用。

⑪生产工具用具使用费：是指施工生产所需不属于固定资产的生产工具及检验用具的购置、摊销和维修费。

⑫其他施工组织措施费：是指根据各专业特点、地区和工程特点所需增加的施工组织

措施费用。

2. 间接费

间接费由企业管理费、规费组成。

（1）企业管理费：是指建筑安装企业组织施工生产和经营管理所需的费用包括：

1）管理人员工资：是指管理人员的基本工资、工资性补贴、职工福利费、劳动保护费。

2）办公费：是指企业管理办公用的文具、纸张、账表、印刷、邮电、书报、会议、水电和集体取暖（包括现场临时宿舍取暖）用煤等费用。

3）差旅交通费：是指职工因公出差、调动工作的差旅费、住勤补助费，市内交通费和误餐补助费，职工探亲路费，劳动力招募费，职工离退休、退职一次性路费，工伤人员就医路费，工地转移费以及管理部门使用的交通工具的油料、燃料、养路费等。

4）固定资产使用费：是指管理和实验部门及附属生产单位使用的属于固定资产的房屋、设备仪器等的折旧、大修、维修或租赁费。

5）工具用具使用费：是指管理使用的不属于固定资产的生产工具、器具、家具、交通工具和检验、实验、测绘、消防用具等的购置、维修和摊销费。

6）劳动保险费：是指由企业支付离退休职工的异地安家补助费、职工退职金、六个月以上的病假人员工资、职工死亡丧葬补助费、抚恤金、按规定支付给离休干部的各项经费。

7）工会经费：是指企业按职工工资总额计提的工会经费。

8）职工教育经费：是指企业为职工学习先进技术和提高文化水平，按职工工资总额计提的费用。

9）财产保险费：是指施工管理用财产、车辆保险。

10）财务费：是指企业为筹集资金而发生的各种费用。

11）税金：是指企业按规定交纳的房产税、车船使用税、土地使用税、印花税等。

12）其他：包括技术转让费、技术开发费、业务招待费、绿化费、广告费、公证费、法律顾问费、审计费、咨询费等。

（2）规费：是指省级以上政府和有关权力部门批准必须缴纳的费用（简称规费）。规费具有强制性，属不可竞争性费用，在执行中不得随意调整。包括：

1）工程排污费：是指施工现场按规定缴纳的工程排污费。

2）工程定额测定费：是指按规定支付工程造价（定额）管理部门的定额测定费。

3）社会保障费：

①养老保险费：是指企业按照国家规定标准为职工缴纳的养老保险费。

②失业保险费：是指企业按照国家规定标准为职工缴纳的失业保险费。

③医疗保险费：是指企业按照国家规定标准为职工缴纳的基本医疗保险费。

4）住房公积金：是指企业按照国家规定标准为职工缴纳的住房公积金。

5）危险作业意外伤害保险：是指按照建筑法规定，企业为从事危险作业的建筑安装施工人员支付的意外伤害保险费。

3. 利润

是指施工企业完成所承包工程获得的盈利。

4. 税金

是指国家税法规定的应计入建设工程造价内的营业税、城市维护建设税、教育费附加和水利建设基金。

8.1.2　建设工程造价计算程序

建设工程（包括建筑、装饰装修、安装、市政、园林绿化及仿古建筑工程）实行工程量清单计价，采用综合单价法。该方法是指分部分项工程项目、施工技术措施费项目的单价采用除规费、税金外的全费用单价（综合单价）的一种计价方法，规费、税金单独计取。综合单价是指完成工程量清单中一个规定计量单位项目所需的人工费、材料费、机械使用费、企业管理费和利润，并考虑风险因素。

1. 分部分项工程量清单项目、施工技术措施清单项目综合单价计算程序

（1）基本单位的分项工程综合单价计算程序

分项综合单价是指组成某个清单项目的各个分项工程内容的综合单价，计算程序见表8-2。

基本单位的分项工程综合单价计算程序表　　　　　　　　　表8-2

序　号	费用项目		计　算　公　式
一	直接工程费		人工费 + 材料费 + 机械费
	其中	1. 人工费	
		2. 机械费	
二	企业管理费		（1 + 2）× 相应企业管理费费率
三	利　润		（1 + 2）× 相应利润率
四	综合单价		一 + 二 + 三

（2）分项施工技术措施项目综合单价计算程序

分项施工技术措施项目综合单价计算程序见表8-3。

分项施工技术措施项目综合单价计算程序表　　　　　　　　　表8-3

序　号	费用项目		计　算　公　式
一	分项施工技术措施费		人工费 + 材料费 + 机械费
	其中	1. 人工费	
		2. 机械费	
二	企业管理费		（1 + 2）× 相应企业管理费费率
三	利　润		（1 + 2）× 相应利润率
四	综合单价		一 + 二 + 三

（3）分项工程清单项目、施工技术措施清单项目综合单价计算程序

1）分部分项工程量清单项目综合单价是指给定的清单项目的综合单价，即基本单位的清单项目所包括的各个分项工程内容的工程量分别乘以相应综合单价的小计。

分部分项工程量清单项目综合单价 = Σ（清单项目所含分项工程内容的综合单价 × 其工程量）÷ 清单项目工程量。

清单项目所含分项工程内容的综合单价可参照"某省建设工程消耗量定额综合单价"（建筑、装饰装修、安装、市政、园林绿化及仿古建筑工程等）。

2）施工技术措施清单项目综合单价计算如下：

施工技术措施清单项目综合单价 = Σ（分项施工技术措施项目综合单价 × 其工程量）÷ 清单项目工程量。

施工技术措施清单项目综合单价可参照"某省建设工程消耗量定额综合单价"（建筑、装饰装修、安装、市政、园林绿化及仿古建筑工程等）。

2. 施工组织措施项目清单费计算

施工组织措施项目清单费一般按照直接工程费和施工技术措施项目费中的"人工费 + 机械费"为取费基数乘以相应的费率计算。

3. 单位工程造价计算程序

建设工程中各单位工程的取费基数为人工费与机械费之和，其中工程造价计算程序见表8-4。

建设工程造价计算程序表   表8-4

序 号	费用项目		计 算 公 式
一	分部分项工程量清单项目费		Σ（分部分项工程量 × 综合单价）
	其中	1. 人工费	
		2. 机械费	
二	措施项目清单费		（一）+（二）
	（一）施工技术措施项目清单费		Σ（施工技术措施项目清单）× 综合单价
	其中	3. 人工费	
		4. 机械费	
	（二）施工组织措施项目清单费		Σ（1 + 2 + 3 + 4）× 费率
三	其他项目清单费		按清单计价要求计算
四	规费	规费（一）	（1 + 3）× 规定的相应费率
		规费（二）	（一 + 二 + 三）× 规定的相应费率
五	税 金		（一 + 二 + 三 + 四）× 规定的相应费率
六	建设工程造价		一 + 二 + 三 + 四 + 五

注：规费（一）是指工程排污费、社会保障费、住房公积金、危险作业意外伤害保险费。
      规费（二）是指工程定额测定费。

8.1.3 建设工程清单计价费用定额的适用范围

1. 建筑工程

适用于一般工业与民用建筑新建、扩建项目的房屋建筑工程，各种设备基础、管道沟基础。一般炉体砌筑、场地平整，各种混凝土构件、木构件，以及附属于一个单位工程内的挖方或填方量不超过5000m³ 的土石方工程等。

2. 安装工程

适用于机械设备、电气设备、热力设备，静置设备与工艺金属结构安装，工业管道工程，给水排水、采暖、燃气，通风空调，消防，自动化控制仪表，炉窑砌筑，刷油、防腐绝热等安装工程。

8.1.4　建设工程取费的计算规定

1. 建设工程取费以"人工费＋机械费"为计算基数。"人工费＋机械费"是指直接工程费与施工技术措施费中的人工费与机械费之和，其中人工费不包括机上人工，机械费不包括大型机械进出场及安拆费。

2. 人工费、材料费、机械费按建设工程消耗定额项目或分部分项工程量清单项目及施工技术措施项目清单计算的人工、材料、机械台班消耗量乘以相应单价计算。

3. 措施费项目应根据各省清单计价依据或措施项目清单，结合工程实际情况确定。施工技术措施费按建设工程工程量清单计价规范和相应的消耗量定额计算。施工组织措施费可按本清单费用定额计算，其中环境保护费、文明施工费、安全施工费、临时设施费组成安全防护、文明施工措施费，投标报价取费时不应低于弹性区间费率下限的90%。

4. 企业管理费费率和利润率是根据工程类别确定的。工程类别执行本章"8.3 水暖工程量清单计价取费工程类别划分标准"的规定。

5. 规费应按本清单费用定额规定的费率计取。其中规费费率中不含危险作业意外伤害保险费，该费按各市有关规定计算。

6. 税金应按本清单费用定额规定费率计取，以"直接费＋间接费＋利润"为计算基数乘以相应的费率。

7. 缩短工期措施费以工期缩短的比例计取。工期缩短的比例＝〔（合同工期－定额工期）/定额工期〕×100%。如果缩短工期比例在30%以上者，应由专家评委审定其措施方案及相应的费用，才能认定。定额工期执行某省现行工期定额。无工期定额参考的工程，此项费用确定，协商解决。计取缩短工期措施费的工程，不应同时计取夜间施工费。

8. 本清单费用定额水平是以2005年版某省建设工程清单计价消耗量定额及其综合单价为基础编制的，有关费用项目的费率水平应随着取费基数的变化而作相应的调整。

9. 本清单费用定额费率是按单位工程综合测定的。若按规定发生专业工程分包时，总承包单位可按分包工程造价的1%～3%向发包方计取总承包服务费。发包与总承包双方应在施工合同中约定或明确总承包服务的内容及费率。

10. 工程保险费、风险费应按有关规定在合同中约定。

11. 有毒害气体保健津贴：指建设施工企业到有毒害气体的厂矿进行施工时，原则上按有关专业定额计算，无规定时按进入有毒害气体现场施工的职工，比照建设单位职工享有的保健津贴发放。其津贴的计算按实际施工出勤的工日数，将应发津贴列入工程结算中。所计取的保健津贴费用，除计取税金外不得计取其他各项费用。

12. 返工损失费：由于设计或发包人的责任而发生的返工损失费用，由设计单位或发包人负责。

13. 施工现场用水、电费，原则上承包方进入施工现场后单独装表，分户结算，如未单独装表，其水、电费用应返还给发包方，具体返还比例双方应根据实际情况确定。

14. 检验试验费：可按材料费的 0.20% 计取，构成工程的材料费。

15. 零星工作项目费可根据拟建工程具体情况，按分部分项工程费的 2% 以内计取，应详细列出人工、材料、机械的名称、计量单位和相应的数量。

16. 签证工：是指发包方向承包方借用工人，完全属于发包方自己负责的工程，以及施工前期属于发包方负责的准备工作，而交由承包方代行完成的用工。签证工工资单价一律按 25 元/工日计取，计取的费用除计取税金外，不得计取其他各项费用。少量零星无定额可查的项目，采用点工的，其点工比照签证工计算。

17. 停、窝工损失费：是指承包方按合同规定或双方协定的条款进入现场后，如因设计或发包方责任造成停窝工损失的费用，应由发包方负责。内容主要包括：在停窝工期间的现场施工机械停滞费、现场工人的工资及周转性材料的维护和摊销费。施工机械停窝工损失费以定额中机械台班的停滞费乘以停滞台班量计算。工人停窝工损失费：停窝工总工日数乘以每工日单价，再以停窝工工资总额的 30% 作为管理费。其中停滞台班量和工人停窝工总工日数，均应扣除法定节、假日。周转性材料的停窝工损失费可按实结算。按上述规定计算停窝工损失费总和后，只计取税金。

18. 劳动保险行业统筹费（简称劳保费）应按各市建设行政主管部门规定实施。

8.2　水暖工程清单计价取费费率

水暖安装工程取费费率如下：

1. 安装工程施工技术措施费

安装工程施工技术措施费按安装工程计价规范和安装工程消耗量定额规定执行。

2. 安装工程施工组织措施费费率

定额编号	项目名称		计算基数	费率（%）
C1	施工组织措施费			
C1-1	环境保护费		人工费 + 机械费	0.2 ~ 0.9
C1-2	文明施工费		人工费 + 机械费	1.5 ~ 4.2
C1-3	安全施工费		人工费 + 机械费	1.6 ~ 3.6
C1-4	临时设施费		人工费 + 机械费	4.2 ~ 7.0
C1-5	夜间施工费		人工费 + 机械费	0.0 ~ 0.2
C1-6	缩短工期措施费			
C1-6.1	其中	缩短工期 10% 以内	人工费 + 机械费	0.0 ~ 2.5
C1-6.2		缩短工期 20% 以内	人工费 + 机械费	2.5 ~ 4.0
C1-6.3		缩短工期 30% 以内	人工费 + 机械费	4.0 ~ 6.0
C1-7	二次搬运费		人工费 + 机械费	0.6 ~ 1.3
C1-8	已完工程及设备保护费		人工费 + 机械费	0.0 ~ 0.3
C1-9	冬雨期施工增加费		人工费 + 机械费	1.1 ~ 2.0
C1-10	工程定位复测、工程点交、场地清理费		人工费 + 机械费	0.4 ~ 1.0
C1-11	生产工具用具使用费		人工费 + 机械费	0.9 ~ 2.1

3. 安装工程企业管理费费率

定额编号	项 目 名 称	计算基数	费率 （%）		
			一类	二类	三类
C2	企业管理费				
C2-1	机械设备、热力设备、静止设备与工艺金属结构	人工费＋机械费	30～35	24～29	18～23
C2-2	工业管道及水、暖、通风、消防管道	人工费＋机械费	35～40	29～34	23～28
C2-3	电气、智能化、自动化控制及消防电气	人工费＋机械费	37～42	31～36	25～30
C2-4	炉窑砌筑工程	人工费＋机械费	30～40	19～29	—

4. 安装工程利润率

定额编号	项 目 名 称	计算基数	费率 （%）		
			一类	二类	三类
C3	利 润				
C3-1	机械设备、热力设备、静止设备与工艺金属结构	人工费＋机械费	16～21	10～15	4～9
C3-2	工业管道及水、暖、通风、消防管道	人工费＋机械费	21～26	15～20	9～14
C3-3	电气、智能化、自动化控制及消防电气	人工费＋机械费	25～30	19～24	13～18
C3-4	炉窑砌筑工程	人工费＋机械费	15～20	9～14	—

5. 安装工程规费费率

定额编号	项目名称	计 算 基 数	费率（%）
C-4	规 费		
C4-1	社会保障费		
C4-1.1	养老保险费	分部分项目清单人工费＋施工技术措施项目清单人工费	20～35
C4-1.2	失业保险费	分部分项目清单人工费＋施工技术措施项目清单人工费	2～4
C4-1.3	医疗保险费	分部分项目清单人工费＋施工技术措施项目清单人工费	8～15
C4-2	住房公积金	分部分项目清单人工费＋施工技术措施项目清单人工费	10～20
C4-3	危险作业意外保险费	分部分项目清单人工费＋施工技术措施项目清单人工费	0.5～1.0
C4-4	工程排污费	按工程所在地环保部门规定计取	
C4-5	工程定额测定费	税前工程造价	0.124

6. 安装工程税金费率

定额编号	项目名称	计 算 基 数	费率 （%）		
			市区	城（镇）	其他
C5	税 金	分部分项工程项目清单费＋措施项目清单费＋其他项目清单费＋规费	3.475	3.410	3.282
C5-1	税 费	分部分项工程项目清单费＋措施项目清单费＋其他项目清单费＋规费	3.413	3.348	3.220
C5-2	水利建设基金	分部分项工程项目清单费＋措施项目清单费＋其他项目清单费＋规费	0.062	0.062	0.062

注：税费包括营业税、城市建设维护税及教育费附加。

8.3　水暖工程清单计价取费工程类别划分标准

安装工程取费工程类别划分标准如下：

1. 安装工程取费工程类别划分表

工程 ＼ 类别	一　类	二　类	三　类
机械设备安装工程	1. 台重 30t 以上各类机械设备安装； 2. 起重量 20t 以上起重设备及相应轨道安装； 3. 半自动机床安装； 4. 工业炉设备安装； 5. 直流集控、快速电梯安装或直流、集控高速电梯安装； 6. 1500kW 以上压缩机组（风机）、泵类安装； 7. 起重能力 100t·m 以上塔式起重机及相应轨道安装； 8. 精密数控机床安装； 9. 成套引进设备安装，自动加工线安装	1. 台重 10t 以上各类机械设备安装； 2. 起重量 5t 以上起重设备及相应轨道安装； 3. 煤气发生设备安装； 4. 输送设备安装； 5. 交流、半自动低速货梯安装； 6. 1000kW 以上压缩机组（风机）泵类安装； 7. 交流、集控低速电梯安装	1. 台重 10t 以下各类机械设备安装； 2. 其他机械及附属设备安装； 3. 起重量 5t 以下起重设备及相应轨道安装； 4. 1000kW 以下压缩机组（风机）泵类安装
热力设备安装工程	A、B 级锅炉热力设备及其附属设备安装	C、D 级锅炉热力设备及其附属设备安装	E 级锅炉安装
工业管道安装工程	1. Ⅰ、Ⅱ、Ⅲ类管道安装； 2. 铝及铝合金管道安装； 3. 钛管、镍管安装	Ⅳ、Ⅴ类管道安装	1. 非金属低压管道安装； 2. 铸铁给水排水管道安装
通风、空调安装工程	净化、超净、恒温、恒湿通风管道系统安装	1. 集中空调系统安装； 2. 除尘、排毒、排烟系统制作安装	1. 一般机械通风设备及其系统、分体式空调机、窗式空调器等安装； 2. 轴流通风机、排风扇和自然通风工程
自动化控制装置及仪表安装工程	微机控制自动化装置及仪表安装调试	指示记录型单独控制及显示自动化装置及仪表安装、调试	除一类、二类工程以外的其他自动化控制装置及仪表安装
电气设备安装工程	35kV 及以下变配电所电气安装、调试	10kV 及以下变配电所电气安装、调试及配电线路安装等	1kV 及以下变配电所电气、低压配电设备安装、调试及配电线路安装等
静置设备与工艺金属结构工程	1. Ⅱ、Ⅲ类容器现场制作、安装； 2. 台重 50t 以上设备制作、安装； 3. 容量 10000m³ 以上金属油罐、容量 5000m³ 以上气柜制作、安装； 4. 跨距 20m 以上或单重 5t 以上金属结构制作、安装； 5. 100t 以上火炬、排气筒制作、安装	1. Ⅰ类容器现场制作、安装； 2. 台重 30t 以上设备制作、安装； 3. 容量 5000m³ 以上金属油罐、容量 1000m³ 以上气柜制作、安装； 4. 跨距 12m 以上或单重 3t 以上金属结构制作、安装； 5. 100t 以下火炬、排气筒制作、安装	1. 台重 30t 以下设备制作、安装； 2. 容量 5000m³ 以下金属油罐、容量 1000m³ 以下气柜制作、安装； 3. 跨距 12m 以下或单重 3t 以下金属结构制作、安装

工程　　类别	一　　类	二　　类	三　　类
给水排水、采暖、燃气安装工程	1. 管外径 630mm 以上厂区（室外）煤气管网安装； 2. 管外径 720mm 以上厂区（室外）采暖管网安装	1. 管外径 630mm 以下厂区（室外）煤气管网安装； 2. 管外径 720mm 以下厂区（室外）采暖管网安装； 3. ϕ300mm 以上厂区（室外）供水管网安装； 4. ϕ600mm 以上厂区（室外）排水管网安装	1. ϕ300mm 以下厂区（室外）供水管网安装； 2. ϕ600mm 以下厂区（室外）排水管网安装
消防及安全防范设备安装工程	火灾自动报警系统安装、调试及监控设备安装调试	水灭火系统安装、调试	气体灭火系统及泡沫灭火系统安装、调试
炉窑砌筑工程	专业炉窑砌筑	一般工业炉窑砌筑	—

2. 工程类别划分说明

（1）安装工程以单位工程为类别划分单位。符合以下规定者为单位工程：

1）设备安装工程和民用建筑物或构筑物合并为单位工程，建筑设备安装工程同建筑工程类别（不包括单位锅炉房、变电所）。

2）新建或扩建的住宅区、厂区的室外给水、排水、供热、燃气等建筑管道安装工程；室外的架空线路、电缆线路、路灯等建筑电气安装工程均为单位工程。

3）厂区内的室外给水、排水、热力、煤气管道安装；架空线路、电缆线路安装；龙门起重机、固定式胶带输送机安装；拱顶罐、球形罐制作、安装；焦炉、高炉及热风炉砌筑等各自为单位工程。

4）工业建筑物或构筑物的安装工程各自为单位工程。

5）工业建筑室内的上下水、暖气、煤气、卫生、照明等工程由建筑单位施工时，应同建筑工程类别执行。

（2）安装单位工程中，有几个分部（专业）工程类别时，以最高分部（专业）类别为单位工程类别。分部（专业）工程类别中有几个特征时，凡符合其中之一者，即为该类工程。

（3）在单位工程内，如仅有一个分部（专业）工程时，则该分部（专业）工程即为单位工程。

（4）一个类别工程中，部分子目套用其他工程子目时，按主册类别执行。

（5）安装工程中的刷油、绝热、防腐蚀工程，不单独划分类别，归并在所属类别中。单独刷油、防腐蚀、绝热工程按相应工程三类取费。

（6）智能化安装工程均按一类工程取费。

本章摘录自《安徽省建设工程清单计价费用定额》。

第9章 某住宅楼水暖施工图
工程量清单计价实例

9.1 某住宅楼水暖施工图工程量清单实例

（建筑工程量清单书封面）

××住宅楼工程建筑工程量清单书

招 标 人： ____赵××____ （单位签字盖章）

法定代表人： ____王××____ （签字盖章）

中介机构
法定代表人： ____张××____ （签字盖章）

造价工程师
及注册证号： ____李××____ （签字盖执业专用章）

编制时间： ____×年×月×日____

工程名称：××住宅楼（图纸见本书第五章）

工程量清单总说明

1. 工程概况：本工程建筑面积为 5563.23m²，其主要使用功能为住宅。地下 1 层，地上 5 层，框架结构，基础是独立基础。

2. 招标范围：给水排水工程、供暖工程。

3. 工程质量要求：优良工程。

4. 工程量清单编制依据：

4.1　建筑设计院设计的施工图一套；

4.2　本单位编制的招标文件及招标答疑；

4.3　工程量清单根据《建设工程工程量清单计价规范》（GB 50500—2003）编制。

9.1.1　给水排水工程

给水排水工程分部分项工程工程量清单表

工程名称：××住宅楼（图纸见本书第5章）

序　号	项目编码	项　目　名　称	计量单位	工程数量
1	010801008001	铝合金衬塑管 $DN40$，室内，给水	m	22.8
2	010801008002	铝合金衬塑管 $DN25$，室内，给水	m	403.32
3	010801008003	铝合金衬塑管 $DN20$，室内，给水	m	1164.64
4	030801005001	塑料复合管，$De160$，室内，排水，零件粘接	m	101.4
5	030801005002	塑料复合管，$De110$，室内，排水，零件粘接	m	451.5
6	030801005003	塑料复合管，$De75$，室内，排水，零件粘接	m	230.46
7	030803001001	螺纹阀门，$DN40$	个	6
8	030803001002	螺纹阀门，$DN20$	个	120
9	030803010001	水表，LXS—20C	组	12
10	030804001001	浴盆，1200×65，搪瓷	组	12
11	030804003001	洗脸盆，有沿台式	组	36
12	030804005001	双联洗涤盆，不锈钢	组	12
13	030804007001	浴盆淋浴器，单柄浴混合龙头	组	12
14	030804011001	坐式大便器	套	36
15	030804016001	厨房、洗衣机水龙头，铜，$DN15$	个	24
16	030804016002	洗脸盆混合龙头，$DN15$	个	36
17	030804017001	地漏，$DN50$	个	78

给水排水工程措施项目清单报价

工程名称：××住宅楼（图纸见本书第5章）

序　号	项　目　名　称	计量基数	费　率
1	环境保护费	人工费＋机械费	
2	文明施工费	人工费＋机械费	
3	安全施工费	人工费＋机械费	
4	临时设施费	人工费＋机械费	
5	夜间施工费	人工费＋机械费	
6	已完工程及设备保护费	人工费＋机械费	
7	生产工具用具使用费	人工费＋机械费	

给水排水工程其他项目清单

工程名称：××住宅楼（图纸见本书第5章）

序　号	项　目　名　称	金　额　（元）
1	招标人部分	
1.1	预留费	
1.2	材料购置费	
1.3	其他	
	小计	
2	投标人部分	
2.1	总承包服务费	
2.2	零星工作量	
2.3	其他	
	小计	

给水排水工程零星工作项目表

工程名称：××住宅楼（图纸见本书第5章）

序　号	名　　称	计量单位	数　　量
1	人工		
2	材料		
3	机械		

9.1.2　供暖工程

供暖工程分部分项工程工程量清单表

工程名称：××住宅楼（图纸见本书第5章）

序　号	项目编码	项　目　名　称	计量单位	工程数量
1	030805003001	钢制散热器，MZII-15-1800	组	6
2	030805003002	钢制散热器，MZII-15-1500	组	24
3	030805003003	钢制散热器，MZII-12-1500	组	4
4	030805003004	钢制散热器，MZII-10-1500	组	28
5	030805003005	钢制散热器，MZII-8-1500	组	16
6	030805003006	钢制散热器，MZII-10-630	组	6
7	030805003007	钢制散热器，MZII-18-510	组	32
8	030805003008	钢制散热器，MZII-23-510	组	4
9	030802001001	管道支架，制作安装，人工涂红丹防锈漆一遍，银粉漆两遍	kg	32.08
10	030802005001	自动排气阀，DN25	个	12
11	030802001001	闸阀，DN25	个	12

续表

序 号	项目编码	项 目 名 称	计量单位	工程数量
12	030802001002	闸阀，DN15	个	240
13	030802001003	锁闭阀，DN25	个	24
14	030802001004	动态流量平衡阀	个	12
15	030802001005	过滤器	个	12
16	030802001006	温度传感器	个	12
17	030803010001	热量表	组	12
18	030801001001	镀锌钢管，DN32，螺纹连接，人工涂红丹防锈漆一遍，银粉漆两遍	m	39
19	030801007001	PB管，DN25，热熔连接	m	1603.8
20	030807001001	供暖工程系统调整	系统	1

供暖工程措施项目清单报价

工程名称：××住宅楼（图纸见本书第5章）

序 号	项目名称	计量基数	费 率
1	环境保护费	人工费＋机械费	
2	文明施工费	人工费＋机械费	
3	安全施工费	人工费＋机械费	
4	临时设施费	人工费＋机械费	
5	夜间施工费	人工费＋机械费	
6	已完工程及设备保护费	人工费＋机械费	
7	生产工具用具使用费	人工费＋机械费	

供暖工程其他项目清单

工程名称：××住宅楼（图纸见本书第5章）

序 号	项 目 名 称	金 额 （元）
1	招标人部分	
1.1	预留费	
1.2	材料购置费	
1.3	其他	
	小计	
2	投标人部分	
2.1	总承包服务费	
2.2	零星工作量	
2.3	其他	
	小计	

供暖工程零星工作项目表

工程名称：××住宅楼（图纸见本书第5章）

序 号	名 称	计量单位	数 量
1	人工		
2	材料		
3	机械		

9.2 某住宅楼水暖施工图工程量计算过程实例

9.2.1 给水排水工程

给水排水工程分部分项工程量计算过程表

工程名称：××住宅楼（图纸见本书第5章）

序 号	分项工程名称	单位	结果	计 算 式
1	铝合金衬塑管 $DN40$，室内，给水	m	22.8	按设计图示管道中心线长度以延长米计算，不扣除阀门、管件及各种井类所占长度，根据水施2及水施10比例量得 $7.6 \times 3 = 22.8$m
2	铝合金衬塑管 $DN25$，室内，给水	m	403.32	按设计图示管道中心线长度以延长米计算，不扣除阀门、管件及各种井类所占长度 1. 一层第一单元一户 根据水施10.11及12比例量得 竖向长 $= 1.3 + 3.0 = 4.3$m 水平向长 $= 4.0 + 4.5 + 2.2 \times 2 + 4.0 \times 2 + 3.0 \times 2 = 26.9$m 一户管总长 $=$ 竖向长 $+$ 水平向长 $= 4.3 + 26.9 = 31.2$m 2. 用同样方法算出其他户管长 372.12m 3. 整个楼管长 $=$ 一层第一单元一户管长 $+$ 其他户管长 $= 31.2 + 372.12 = 403.32$m
3	铝合金衬塑管 $DN20$，室内，给水	m	1164.64	按设计图示管道中心线长度以延长米计算，不扣除阀门、管件及各种井类所占长度 1. 一层第一单元一户 根据水施10.11及12比例量得 竖向长 $= 12.5 \times 2 + 2.5 \times 2 \times 3 = 40.0$m 水平向长 $= 3.0 \times 2 + 2.0 \times 2 + 3.5 \times 2 + 1.8 \times 2 + 2.5 \times 2 + 1.8 \times 2 + 2.3 \times 2 + 5.5 \times 2 + 2.0 \times 2 + 1.8 \times 2 = 52.4$m 一户管总长 $=$ 竖向长 $+$ 水平向长 $= 40.0 + 52.4 = 92.4$m 2. 用同样方法算出其他户管长 1072.24m 3. 整个楼管长 $=$ 一层第一单元一户管长 $+$ 其他户管长 $= 92.4 + 1072.24 = 1164.64$m
4	塑料复合管，$De160$，室内，排水	m	101.4	按设计图示管道中心线长度以延长米计算，不扣除阀门、管件及各种井类所占长度，根据水施2比例量得 $11.4 \times 4 + 9.3 \times 6 = 101.4$m

续表

序　号	分项工程名称	单位	结果	计　算　式
5	塑料复合管，De110，室内，排水	m	451.5	按设计图示管道中心线长度以延长米计算，不扣除阀门、管件及各种井类所占长度，根据水施2及13比例量得 竖向长 = 18.05 × 18 = 324.9m 水平向长 = 7.5 × 6 + 13.6 × 6 = 126.6m 总长 = 竖向长 + 水平向长 = 324.9 + 126.6 = 451.5m
6	塑料复合管，De75，室内，排水	m	230.46	按设计图示管道中心线长度以延长米计算，不扣除阀门、管件及各种井类所占长度，根据水施3及13比例量得 竖向长 = 10.05 × 6 + 13.06 × 6 = 138.66m 水平向长 = 6.5 × 6 + 8.8 × 6 = 91.8m 总长 = 竖向长 + 水平向长 = 138.66 + 91.8 = 230.46m
7	螺纹阀门，DN40	个	6	6个
8	螺纹阀门，DN20	个	120	10 × 6 × 2 = 120个
9	水表，LXS—20C	组	12	6 × 2 = 12组
10	浴盆，1200 × 65，搪瓷	组	12	6 × 2 = 12组
11	洗脸盆，有沿台式	组	36	3 × 6 × 2 = 36组
12	双联洗涤盆，不锈钢	组	12	6 × 2 = 12组
13	浴盆淋浴器，单柄浴混合龙头	组	12	6 × 2 = 12组
14	坐式大便器	套	36	3 × 6 × 2 = 36组
15	厨房、洗衣机水龙头，铜，DN15	个	24	2 × 6 × 2 = 24个
16	洗脸盆混合龙头，DN15	个	36	3 × 6 × 2 = 36个
17	地漏，DN50	个	78	6 × 6 × 2 + 6 = 78个

给水排水工程措施项目工程量计算表

工程名称：××住宅楼（图纸见本书第5章）

序　号	分项工程名称	单位	结果	计　算　式

9.2.2　供暖工程

供暖工程分部分项工程量计算过程表

工程名称：××住宅楼（图纸见本书第5章）

序　号	分项工程名称	单位	结果	计　算　式
1	钢制散热器，MZII-15-1800	组	6	按设计图示数量计算，6组
2	钢制散热器，MZII-15-1500	组	24	按设计图示数量计算，24组
3	钢制散热器，MZII-12-1500	组	4	按设计图示数量计算，4组
4	钢制散热器，MZII-10-1500	组	28	按设计图示数量计算，28组
5	钢制散热器，MZII-8-1500	组	16	按设计图示数量计算，16组

续表

序　号	分项工程名称	单　位	结　果	计　算　式
6	钢制散热器，MZII-10-630	组	6	按设计图示数量计算，6 组
7	钢制散热器，MZII-18-510	组	32	按设计图示数量计算，32 组
8	钢制散热器，MZII-23-510	组	4	按设计图示数量计算，4 组
9	管道支架，制作安装，人工涂红丹防锈漆一遍，银粉漆两遍	kg	32.08	按设计图示质量计算，根据《采暖通风国家标准图集设计选用手册》查得各支架重量 总重量 = Σ(同型号支架个数 × 单重) = 32.08kg
10	自动排气阀，$DN25$	个	12	按设计图示数量计算，12 个
11	闸阀，$DN25$	个	12	按设计图示数量计算，12 个
12	闸阀，$DN15$	个	240	按设计图示数量计算，240 个
13	锁闭阀，$DN25$	个	24	按设计图示数量计算，24 个
14	动态流量平衡阀	个	12	按设计图示数量计算，12 个
15	过滤器	个	12	按设计图示数量计算，12 个
16	温度传感器	个	12	按设计图示数量计算，12 个
17	热量表	组	12	按设计图示数量计算，12 个
18	镀锌钢管，$DN32$，螺纹连接，人工涂红丹防锈漆一遍，银粉漆两遍	m	39	按设计图示管道中心线长度以延长米计算，不扣除阀门、管件所占长度，根据暖施 3 比例量得 长度 = 6.5 × 2 × 3 = 39m
19	PB 管，$DN25$，热熔连接	m	1603.8	按设计图示管道中心线长度以延长米计算，不扣除阀门、管件所占长度 1. 一层第一单元一户 　根据水施 3 及 5 比例量得 　竖向长 = 1 × 2 × 6 + 4 × 2 = 20.0m 　水平向长 = 2.2 × 6 + 2.0 × 6 + 4 × 6 + 1.0 × 2 + 4.8 × 2 + 3.8 × 2 + 3.8 × 4 + 6.3 × 2 + 8.7 × 2 = 113.6m 　一户管总长 = 竖向长 + 水平向长 = 20.0 + 113.6 = 133.6m 2. 用同样方法算出其他户管长 1470.2m 3. 整个楼管长 　= 一层第一单元一户管长 + 其他户管长 　= 133.6 + 1470.2 = 1603.8 m
20	供暖工程系统调整	系统	1	1

供暖工程措施项目工程量计算表

工程名称：××住宅楼（图纸见本书第 5 章）

序　号	分项工程名称	单　位	结　果	计　算　式

9.3　某住宅楼水暖施工图工程量
清单计价（招标标底）实例

（招标标底封面）

××住宅楼水暖工程工程量清单计价书

（招标标底）

招　　　标　　　人：＿＿×× 厅＿＿＿（单位签字盖章）

法 定 代 表 人：＿＿＿王××＿＿＿（签字盖章）

中 介 机 构
法 定 代 表 人：＿＿＿张××＿＿＿（签字盖章）

造价工程师及注册证号：＿＿＿刘××＿＿＿（签字盖执业专用章）

编 制 时 间：＿＿×年×月×日＿＿＿

工程名称：××住宅楼（招标标底，图纸见本书第5章）

总 说 明

1. 工程概况：本工程建筑面积为 $5563.23m^2$，其主要使用功能为住宅。地下1层，地上5层，框架结构，基础是独立基础。

2. 招标范围：给水排水工程、供暖工程。

3. 工程质量要求：优良工程。

4. 工期：80天。

5. 编制依据：

5.1　由××市建筑工程设计院设计的施工图1套（见本书第5章）。

5.2　由××厅编制的《××住宅楼建筑工程施工招标书》及《××住宅楼建筑工程招标答疑》。

5.3　工程量清单计价根据《建设工程工程量清单计价规范》（GB 50500—2003）。

5.4　工程量清单计价中的人工、材料、机械数量参考某省建筑、水电安装工程定额，其人工、材料、机械价格参考某省、某市造价管理部门有关文件或近期发布的材料价格，并调查市场价格后取定。

5.5　人工工资按31.00元/工日计。

5.6　垂直运输机械采用卷扬机，费用按×省定额估价表中规定计费。未考虑卷扬机进出场费。

5.7　脚手架采用钢管脚手架。

5.8　人工、材料、机械用量及单价参照某省消耗定额及估价表。

5.9　工程量清单计费列表参考如下：

定额编号	项目名称		计算基数	费率（%）
C1	施工组织措施费			
C1-1	环境保护费		人工费+机械费	0.9
C1-2	文明施工费			
C1-2.1	其中	非市区工程	人工费+机械费	4.2
C1-2.2		市区工程	人工费+机械费	4.2
C1-3	安全施工费		人工费+机械费	3.6
C1-4	临时设施费		人工费+机械费	7.0
C1-5	夜间施工费		人工费+机械费	0.2
C1-6	缩短工期措施费			
C1-6.1	其中	缩短工期10%以内	人工费+机械费	2.5
C1-6.2		缩短工期20%以内	人工费+机械费	4.0
C1-6.3		缩短工期30%以内	人工费+机械费	6.0
C1-7	二次搬运费		人工费+机械费	1.3
C1-8	已完工程及设备保护费		人工费+机械费	0.3
C1-9	冬雨期施工增加费		人工费+机械费	2.0
C1-10	工程定位复测、工程点交、场地清理费		人工费+机械费	1.0
C1-11	生产工具用具使用费		人工费+机械费	2.1
C2	企业管理费		人工费+机械费	34
C3	利　润		人工费+机械费	20

续表

定额编号	项目名称	计算基数	费率（%）
C-4	规　费		
C4-1	社会保障费		
A4-1.1	养老保险费	分部分项项目清单人工费＋施工技术措施项目清单人工费	35
C4-1.2	失业保险费	分部分项项目清单人工费＋施工技术措施项目清单人工费	4
C4-1.3	医疗保险费	分部分项项目清单人工费＋施工技术措施项目清单人工费	15
C4-2	住房公积金	分部分项项目清单人工费＋施工技术措施项目清单人工费	20
C4-3	危险作业意外保险费	分部分项项目清单人工费＋施工技术措施项目清单人工费	1.0
C4-4	工程排污费	按工程所在地环保部门规定计取	
C4-5	工程定额测定费	税前工程造价	0.124
C5	税　金	分部分项工程项目清单费＋措施项目清单费＋其他项目清单费＋规费	3.475

9.3.1　单项工程费汇总

单项工程费汇总

工程名称：××住宅楼（招标标底，图纸见本书第5章）

序　号	项　目　名　称	金额（元）
1	给水排水工程	149214
2	供暖工程	140756

9.3.2　给水排水工程

给水排水工程单位工程汇总

工程名称：××住宅楼（招标标底，图纸见本书第5章）

序　号	项　目　名　称	金额（元）
1	分部分项工程量清单计价合计	125337
2	措施项目清单计价合计	4587
3	其他项目计价合计	
4	规费	14100

续表

序　号	项　目　名　称	金额（元）
5	税前造价(1＋2＋3＋4)	144024
6	工程定额测定费(税前造价×0.124%)	179
7	税金（税前造价＋工程定额测定费）×3.475%	5011
8	合计(5＋6＋7)	149214

给水排水工程分部分项工程工程量清单计价

工程名称：××住宅楼（招标标底，图纸见本书第5章）

序号	项目编码	项　目　名　称	计量单位	工程数量	综合单价	合　价
1	010801008001	铝合金衬塑管 DN40，室内，给水	m	22.8	23.50	535.80
2	010801008002	铝合金衬塑管 DN25，室内，给水	m	403.32	21.43	8643.15
3	010801008003	铝合金衬塑管 DN20，室内，给水	m	1164.64	18.36	2138.79
4	030801005001	塑料复合管，De160，室内，排水，零件粘接	m	101.4	95.26	9659.36
5	030801005002	塑料复合管，De110，室内，排水，零件粘接	m	451.5	73.70	33275.55
6	030801005003	塑料复合管，De75，室内，排水，零件粘接	m	230.46	56.12	12933.42
7	030803001001	螺纹阀门，DN40	个	6	83.30	499.80
8	030803001002	螺纹阀门，DN20	个	120	32.89	3946.80
9	030803010001	水表，LXS—20C	组	12	56.88	682.56
10	030804001001	浴盆，1200×65，搪瓷	组	12	520.28	6243.36
11	030804003001	洗脸盆，有沿台式	组	36	232.68	8376.48
12	030804005001	双联洗涤盆，不锈钢	组	12	282.79	3393.48
13	030804007001	浴盆淋浴器，单柄浴混合龙头	组	12	56.28	675.36
14	030804011001	坐式大便器	套	36	260.78	9388.08
15	030804016001	厨房、洗衣机水龙头，铜，DN15	个	24	8.62	206.88
16	030804016002	洗脸盆混合龙头，DN15	个	36	38.26	1377.36
17	030804017001	地漏，DN50	个	78	52.78	4116.84
		小　计				125337

给水排水工程措施项目清单计价

工程名称：××住宅楼（招标标底，图纸见本书第5章）

序　号	项　目　名　称	计量基数（人工费＋机械费）	费　率	金额（元）
1	环境保护费	25068	0.9%	
2	文明施工费	25068	4.2%	
3	安全施工费	25068	3.6%	
4	临时设施费	25068	7.0%	

续表

序 号	项 目 名 称	计量基数（人工费＋机械费）	费 率	金额（元）
5	夜间施工费	25068	0.2%	
6	已完工程及设备保护费	25068	0.3%	
7	生产工具用具使用费	25068	2.1%	
	小　计	25068	18.3%	4587

给水排水工程其他项目清单计价

工程名称：××住宅楼（招标标底，图纸见本书第5章）

序 号	项 目 名 称	金额（元）
1	招标人部分	
1.1	不可预见费	
1.2	工程分包和材料购置费	
1.3	其他	
	小计	
2	投标人部分	
2.1	总承包服务费	
2.2	零星工作项目计价表	
2.3	其他	
	小计	

给水排水工程零星工作项目计价

工程名称：××住宅楼（招标标底，图纸见本书第5章）

序 号	名 称	计量单位	工程数量	金额（元）	
				综合单价	合 价
1	人　工				
	小　计				
2	材　料				
	小　计				
3	机　械				
	小　计				
	合　计				

给水排水工程规费计价

工程名称：××住宅楼（招标标底，图纸见本书第5章）

序 号	定额编号	名 称	计量单位	计算基数（分部分项目清单人工费＋施工技术措施项目清单人工费）	金额（元）	
					费率	合价
1	A4-1	养老保险费	元	18800	35%	
2	A4-1.2	失业保险费	元	18800	4%	
3	A4-1.3	医疗保险费	元	18800	15%	
4	A4-2	住房公积金	元	18800	20%	
5	A4-3	危险作业意外保险费	元	18800	1.0%	
		合计		18800	75%	14100

给水排水工程分部分项工程量清单综合单价分析

工程名称：××住宅楼（招标标底，图纸见本书第5章）

| 序号 | 项目编码 | 项目名称 | 定额编号 | 工程内容 | 单位数量 | 综合单价组成 | | | | | | 综合单价 | 备注 |
						人工费	材料费	机械费	管理费	利润			
1	010801008001	铝合金衬塑管DN40，给水	C8-304	铝合金衬塑管DN40，给水	m	1.46	21.25		0.50①	0.29②	23.50③	
2	010801008002	铝合金衬塑管DN25，给水	C8-302	铝合金衬塑管DN25，给水	m	1.34	19.36		0.46	0.27	21.43	
…	…	…	…	…	…	…	…	…	…	…	…	

①管理费=（人+机）×25%=1.46×34%=0.50；
②利润=（人+机）×18%=1.46×20%=0.29；
③综合单价=人+材+机+管+利=1.46+21.25+0.50+0.29=23.50。

给水排水工程主要材料价格

工程名称：××住宅楼（招标标底，图纸见本书第5章）

序　号	名　称　规　格	单位	数量	单价（元）	合价（元）
1	铝合金衬塑管 DN40，室内，给水	m	22.8	19.13	436.16
2	铝合金衬塑管 DN25，室内，给水	m	403.32	17.43	7029.87
…	…	…	…	…	…

9.3.3　供暖工程

供暖工程单位工程汇总

工程名称：××住宅楼（招标标底，图纸见本书第5章）

序　号	项　目　名　称	金额（元）
1	分部分项工程量清单计价合计	118232
2	措施项目清单计价合计	4327
3	其他项目计价合计	
4	规费	13301
5	税前造价（1＋2＋3＋4）	135860
6	工程定额测定费（税前造价×0.124%）	169
7	税金（税前造价＋工程定额测定费）×3.475%	4727
	合计（5＋6＋7）	140756

供暖工程分部分项工程工程量清单计价

工程名称：××住宅楼（招标标底，图纸见本书第5章）

序　号	项目编码	项　目　名　称	计量单位	工程数量	金额（元）	
					综合单价	合　价
1	030805003001	钢制散热器，MZII-15-1800	组	6	513.39	3080.34
2	030805003002	钢制散热器，MZII-15-1500	组	24	488.29	11718.96
3	030805003003	钢制散热器，MZII-12-1500	组	4	415.05	1660.20
4	030805003004	钢制散热器，MZII-10-1500	组	28	352.79	9878.12
5	030805003005	钢制散热器，MZII-8-1500	组	16	299.87	4797.92
6	030805003006	钢制散热器，MZII-10-630	组	6	254.89	1529.34
7	030805003007	钢制散热器，MZII-18-510	组	32	216.65	6932.80
8	030805003008	钢制散热器，MZII-23-510	组	4	184.16	736.64
9	030802001001	管道支架，制作安装，人工涂红丹防锈漆一遍，银粉漆两遍	kg	32.08	15.16	486.33

续表

序号	项目编码	项目名称	计量单位	工程数量	金额（元）	
					综合单价	合价
10	030802005001	自动排气阀，DN25	个	12	78.28	939.36
11	030802001001	闸阀，DN25	个	12	52.18	626.16
12	030802001002	闸阀，DN15	个	240	32.16	7718.40
13	030802001003	锁闭阀，DN25	个	24	72.19	1732.56
14	030802001004	动态流量平衡阀	个	12	132.12	1585.44
15	030802001005	过滤器	个	12	82.67	992.04
16	030802001006	温度传感器	个	12	152.28	1827.36
17	030803010001	热量表	组	12	63.21	758.52
18	030801001001	镀锌钢管，DN32，螺纹连接，人工涂红丹防锈漆一遍，银粉漆两遍	m	39	39.28	1513.92
19	030801007001	PB管，DN25，热熔连接	m	1603.8	36.72	58891.54
20	030807001001	供暖工程系统调整	系统	1	808.00	808.00
		小　计				118232

供暖工程措施项目清单计价

工程名称：××住宅楼（招标标底，图纸见本书第5章）

序号	项目名称	计量基数（人工费＋机械费）	费率	金额（元）
1	环境保护费	23646	0.9%	
2	文明施工费	23646	4.2%	
3	安全施工费	23646	3.6%	
4	临时设施费	23646	7.0%	
5	夜间施工费	23646	0.2%	
6	已完工程及设备保护费	23646	0.3%	
7	生产工具用具使用费	23646	2.1%	
	小　计	23646	18.3%	4327

供暖工程其他项目清单计价

工程名称：××住宅楼（招标标底，图纸见本书第5章）

序　号	项 目 名 称	金 额 （元）
1	招标人部分	
1.1	不可预见费	
1.2	工程分包和材料购置费	
1.3	其他	
	小计	
2	投标人部分	
2.1	总承包服务费	
2.2	零星工作项目计价表	
2.3	其他	
	小计	

供暖工程零星工作项目计价

工程名称：××住宅楼（招标标底，图纸见本书第5章）

序　号	名　　称	计量单位	工程数量	金额（元）	
				综合单价	合　价
1	人　工				
	小　计				
2	材　料				
	小　计				
3	机　械				
	小　计				
	合　计				

供暖工程规费计价

工程名称：××住宅楼（招标标底，图纸见本书第5章）

序　号	定额编号	名　称	计量单位	计算基数（分部分项项目清单人工费 + 施工技术措施项目清单人工费）	金额（元）	
					费率	合价
1	A4-1	养老保险费	元	17735	35%	
2	A4-1.2	失业保险费	元	17735	4%	
3	A4-1.3	医疗保险费	元	17735	15%	
4	A4-2	住房公积金	元	17735	20%	
5	A4-3	危险作业意外保险费	元	17735	1.0%	
		合计		17735	75%	13301

供暖工程分部分项工程量清单综合单价分析

工程名称：××住宅楼（招标标底，图纸见本书第5章）

序号	项目编码	项目名称	定额编号	工程内容	单位数量	综合单价组成						综合单价	备注
						人工费	材料费	机械费	管理费	利润			
1	030805003001	钢制散热器，MZII-15-1800	C8-812	钢制散热器，MZII-15-1800，安装	组	60.45	420.30		20.55	12.09		513.39	
2	030805003002	钢制散热器，MZII-15-1500	C8-812	钢制散热器，MZII-15-1500，安装	组	60.45	395.20		20.55	12.09		488.29	
…	…	…	…	…	…	…	…	…	…	…		…	
9	030802001001	管道支架，制作安装，人工涂红丹防锈漆一遍，银粉漆两遍	C8-365	管道支架，制作、安装	kg	3.14	5.96	2.25					
			11-7	除锈	kg	0.08	0.03	0.07					
			11-117	人工涂红丹防锈漆一遍	kg	0.05	0.009	0.07					
			11-122	刷银粉漆第一遍	kg	0.05	0.04	0.07					
			1-123	刷银粉漆第二遍	kg	0.05	0.03	0.07					
				小计	kg	3.37	6.07	2.53	2.01①	1.18②		15.16③	
…	…	…	…	…	…								

①管理费＝（人＋机）×25%＝（3.37＋2.53）×34%＝2.01；

②利润＝（人＋机）×18%＝（3.37＋2.53）×20%＝1.18；

③综合单价＝人＋材＋机＋管＋利＝3.37＋6.07＋2.53＋2.01＋1.18＝15.16。

供暖工程主要材料价格

工程名称：××住宅楼（招标标底，图纸见本书第5章）

序　号	名　称　规　格	单位	数量	单价（元）	合价（元）
1	钢制散热器，MZII-15-1800	组	6	410.5	2463.00
2	钢制散热器，MZII-15-1500	组	24	390.4	9369.6
…	…	…	…	…	…

9.4　某住宅楼水暖施工图工程量
清单报价（投标标底）实例

（招标标底封面）

××住宅楼水暖工程量清单报价书
（招标标底）

投　标　人：　　××建筑公司　　（单位签字盖章）

法定代表人：　　张××　　（签字盖章）

造价工程师及注册证号：　　王××　　（签字盖执业专用章）

编制时间：　　×年×月×日

（投标标底）

投标总价

建 设 单 位：_____×× 厅_____

工 程 名 称：_____××住宅楼水、暖安装工程_____

投标总价(小写)：_____269218 元_____

　　　　(大写)：_____贰拾陆万玖仟贰佰壹拾捌元整_____

投 标 人：_____×× 建筑公司_____（单位盖章）

法 定 代 表 人：_____张××_____（签字盖章）

编 制 时 间：_____×年×月×日_____

工程名称：××住宅楼（投标标底，图纸见本书第 5 章）

工程量清单投标报价总说明

1. 编制依据：

招标方提供的××楼土建、招标邀请书、招标答疑等招标文件。

2. 编制说明：

2.1 经我公司核算招标方招标书中公布的"工程量清单"中的工程数量基本无误。

2.2 我公司编制的该工程施工方案，基本与招标文件的施工方案相似，所以措施项目与标底采用的一致。

2.3 我公司实际进行市场调查后，建筑材料市场价格确定如下：

2.3.1 所有材料均在×市建设工程造价主管部门发布某月市场材料价格上下浮 2%。

2.3.2 人工工资按 31.00 元/工日计。

2.3.3 按我公司目前资金和技术能力，该工程各项施工费率值取定如下：

定额编号	项目名称			计算基数	费率（%）
C1	施工组织措施费				
C1-1	环境保护费			人工费＋机械费	0.2
C1-2	文明施工费				
C1-2.1	其中	非市区工程		人工费＋机械费	1.5
C1-2.2		市区工程		人工费＋机械费	1.5
C1-3	安全施工费			人工费＋机械费	1.6
C1-4	临时设施费			人工费＋机械费	4.2
C1-5	夜间施工费			人工费＋机械费	0.0
C1-6	缩短工期措施费				
C1-6.1	其中	缩短工期 10% 以内		人工费＋机械费	0.0
C1-6.2		缩短工期 20% 以内		人工费＋机械费	2.5
C1-6.3		缩短工期 30% 以内		人工费＋机械费	4.0
C1-7	二次搬运费			人工费＋机械费	0.6
C1-8	已完工程及设备保护费			人工费＋机械费	0.0
C1-9	冬雨期施工增加费			人工费＋机械费	1.3
C1-10	工程定位复测、工程点交、场地清理费			人工费＋机械费	0.4
C1-11	生产工具用具使用费			人工费＋机械费	0.9
C2	企业管理费			人工费＋机械费	25
C3	利　润			人工费＋机械费	13
C-4	规　费				
C4-1	社会保障费				
C4-1.1	养老保险费			分部分项目清单人工费＋施工技术措施项目清单人工费	20

续表

定额编号	项目名称	计算基数	费率（%）
C4-1.2	失业保险费	分部分项目清单人工费＋施工技术措施项目清单人工费	2
C4-1.3	医疗保险费	分部分项项目清单人工费＋施工技术措施项目清单人工费	8
C4-2	住房公积金	分部分项项目清单人工费＋施工技术措施项目清单人工费	10
C4-3	危险作业意外保险费	分部分项项目清单人工费＋施工技术措施项目清单人工费	0.5
C4-4	工程排污费	按工程所在地环保部门规定计取	
C4-5	工程定额测定费	税前工程造价	0.124
C5	税　金	分部分项工程项目清单费＋措施项目清单费＋其他项目清单费＋规费	3.475

9.4.1　单项工程费汇总

单项工程费汇总

工程名称：××住宅楼（投标标底，图纸见本书第5章）

序　号	项　目　名　称	金额（元）
1	给水排水工程	138440
2	供暖工程	130778
3	合计	269218

9.4.2　给水排水工程

给水排水工程单位工程汇总

工程名称：××住宅楼（投标标底，图纸见本书第5章）

序　号	项目名称	金额（元）
1	分部分项工程量清单计价合计	123855
2	措施项目清单计价合计	2156
3	其他项目计价合计	
4	规费	7614
5	税前造价（1＋2＋3＋4）	133625
6	工程定额测定费（税前造价×0.124%）	166

续表

序　号	项目名称	金额（元）
7	税金（税前造价＋工程定额测定费）×3.475%	4649
8	合计（5＋6＋7）	138440

给水排水工程分部分项工程工程量清单计价

工程名称：××住宅楼（投标标底，图纸见本书第5章）

序　号	项目编码	项　目　名　称	计量单位	工程数量	综合单价	合　　价
					金额（元）	
1	010801008001	铝合金衬塑管 DN40，室内，给水	m	22.8	23.35	532.38
2	010801008002	铝合金衬塑管 DN25，室内，给水	m	403.32	21.27	8578.62
3	010801008003	铝合金衬塑管 DN20，室内，给水	m	1164.64	17.99	20951.87
4	030801005001	塑料复合管，De160，室内，排水，零件粘接	m	101.4	94.31	9563.03
5	030801005002	塑料复合管，De110，室内，排水，零件粘接	m	451.5	72.96	32941.44
6	030801005003	塑料复合管，De75，室内，排水，零件粘接	m	230.46	55.56	12804.36
7	030803001001	螺纹阀门，DN40	个	6	82.47	494.92
8	030803001002	螺纹阀门，DN20	个	120	32.56	3907.20
9	030803010001	水表，LXS—20C	组	12	56.31	675.72
10	030804001001	浴盆，1200×65，搪瓷	组	12	515.08	6180.96
11	030804003001	洗脸盆，有沿台式	组	36	230.35	8292.60
12	030804005001	双联洗涤盆，不锈钢	组	12	277.13	3325.56
13	030804007001	浴盆淋浴器，单柄浴混合龙头	组	12	55.71	668.52
14	030804011001	坐式大便器	套	36	258.18	9294.48
15	030804016001	厨房、洗衣机水龙头，铜，DN15	个	24	8.53	204.72
16	030804016002	洗脸盆混合龙头，DN15	个	36	37.87	1363.32
17	030804017001	地漏，DN50	个	78	52.25	4075.50
		小　　计				123855

给水排水工程措施项目清单计价

工程名称：××住宅楼（投标标底，图纸见本书第5章）

序　号	项　目　名　称	计量基数（人工费＋机械费）	费率	金额（元）
1	环境保护费	25068	0.2%	
2	文明施工费	25068	1.5%	
3	安全施工费	25068	1.6%	
4	临时设施费	25068	4.2%	
5	夜间施工费	25068	0.1%	

序　号	项　目　名　称	计量基数（人工费 + 机械费）	费　率	金额（元）
6	已完工程及设备保护费	25068	0.1%	
7	生产工具用具使用费	25068	0.9%	
	小　计	25068	8.6%	2156

给水排水工程其他项目清单计价

工程名称：××住宅楼（投标标底，图纸见本书第 5 章）

序　号	项　目　名　称	金额（元）
1	招标人部分	
1.1	不可预见费	
1.2	工程分包和材料购置费	
1.3	其他	
	小计	
2	投标人部分	
2.1	总承包服务费	
2.2	零星工作项目计价表	
2.3	其他	
	小计	

给水排水工程零星工作项目计价

工程名称：××住宅楼（招标标底，图纸见本书第 5 章）

序　号	名　称	计量单位	工程数量	金额（元） 综合单价	合　价
1	人　工				
	小　计				
2	材　料				
	小　计				
3	机　械				
	小　计				
	合　计				

给水排水工程规费计价

工程名称：××住宅楼（招标标底，图纸见本书第 5 章）

序　号	定额编号	名　称	计量单位	计算基数（分部分项项目清单人工费 + 施工技术措施项目清单人工费）	金额（元） 费率	合价
1	A4-1	养老保险费	元	18800	20%	
2	A4-1.2	失业保险费	元	18800	2%	
3	A4-1.3	医疗保险费	元	18800	8%	
4	A4-2	住房公积金	元	18800	10%	
5	A4-3	危险作业意外保险费	元	18800	0.5%	
		合计		18800	40.5%	7614

给水排水工程分部分项工程量清单综合单价分析

工程名称：××住宅楼（投标标底，图纸见本书第 5 章）

序号	项目编码	项目名称	定额编号	工程内容	单位 数量	综合单价组成						综合单价	备注
						人工费	材料费	机械费	管理费	利润			
1	01080100 8001	铝合金衬塑管 DN40，给水	C8-304	铝合金衬塑管 DN40，给水	m	1.46	21.25		0.42①	0.22②	23.35③	
2	01080100 8002	铝合金衬塑管 DN25，给水	C8-302	铝合金衬塑管 DN25，给水	m	1.34	19.36		0.46	0.21	21.37	
…	…	…	…	…	…	…	…	…	…	…	…	

①管理费 =（人 + 机）×25% = 1.46×29% = 0.42；

②利润 =（人 + 机）×18% = 1.46×15% = 0.22；

③综合单价 = 人 + 材 + 机 + 管 + 利 = 1.46 + 21.25 + 0.42 + 0.22 = 23.35。

给水排水工程主要材料价格

工程名称：××住宅楼（投标标底，图纸见本书第5章）

序　号	名　称　规　格	单位	数量	单价（元）	合价（元）
1	铝合金衬塑管 *DN*40，室内，给水	m	22.8	18.94	431.83
2	铝合金衬塑管 *DN*25，室内，给水	m	403.32	17.25	6957.27
…	…	…	…	…	…

9.4.3　供暖工程

供暖工程单位工程汇总

工程名称：××住宅楼（投标标底，图纸见本书第5章）

序　号	项　目　名　称	金额（元）
1	分部分项工程量清单计价合计	117012
2	措施项目清单计价合计	2034
3	其他项目计价合计	
4	规费	7183
5	税前造价（1+2+3+4）	126229
6	工程定额测定费（税前造价×0.124%）	157
7	税金（税前造价＋工程定额测定费）×3.475%	4392
	合计（5+6+7）	130778

供暖工程分部分项工程工程量清单计价

工程名称：××住宅楼（投标标底，图纸见本书第5章）

序　号	项目编码	项　目　名　称	计量单位	工程数量	综合单价	合　价
					金额（元）	
1	030805003001	钢制散热器，MZII-15-1800	组	6	507.35	3044.10
2	030805003002	钢制散热器，MZII-15-1500	组	24	482.25	11574.00
3	030805003003	钢制散热器，MZII-12-1500	组	4	410.89	1643.56
4	030805003004	钢制散热器，MZII-10-1500	组	28	349.26	9779.28
5	030805003005	钢制散热器，MZII-8-1500	组	16	296.87	4749.92
6	030805003006	钢制散热器，MZII-10-630	组	6	252.34	1514.04
7	030805003007	钢制散热器，MZII-18-510	组	32	214.48	6863.36
8	030805003008	钢制散热器，MZII-23-510	组	4	182.32	729.28
9	030802001001	管道支架，制作安装，人工涂红丹防锈漆一遍，银粉漆两遍	kg	32.08	15.01	481.52

续表

序号	项目编码	项目名称	计量单位	工程数量	金额（元）	
					综合单价	合价
10	030802005001	自动排气阀，DN25	个	12	77.49	929.88
11	030802001001	闸阀，DN25	个	12	51.66	619.92
12	030802001002	闸阀，DN15	个	240	31.84	7641.60
13	030802001003	锁闭阀，DN25	个	24	71.47	1715.28
14	030802001004	动态流量平衡阀	个	12	130.79	1569.48
15	030802001005	过滤器	个	12	81.84	982.08
16	030802001006	温度传感器	个	12	150.76	1809.12
17	030803010001	热量表	组	12	62.58	750.96
18	030801001001	镀锌钢管，DN32，螺纹连接，人工涂红丹防锈漆一遍，银粉漆两遍	m	39	38.89	1516.71
19	030801007001	PB管，DN25，热熔连接	m	1603.8	36.35	58298.13
20	030807001001	供暖工程系统调整	系统	1	800.00	800.00
		小　计				117012

供暖工程措施项目清单计价

工程名称：××住宅楼（投标标底，图纸见本书第5章）

序号	项目名称	计量基数（人工费＋机械费）	费率	金额（元）
1	环境保护费	23646	0.2%	
2	文明施工费	23646	1.5%	
3	安全施工费	23646	1.6%	
4	临时设施费	23646	4.2%	
5	夜间施工费	23646	0.1%	
6	已完工程及设备保护费	23646	0.1%	
7	生产工具用具使用费	23646	0.9%	
	小　计	23646	8.6%	2034

供暖工程其他项目清单计价

工程名称：××住宅楼（投标标底，图纸见本书第5章）

序 号	项 目 名 称	金 额 （元）
1	招标人部分	
1.1	不可预见费	
1.2	工程分包和材料购置费	
1.3	其他	
	小计	
2	投标人部分	
2.1	总承包服务费	
2.2	零星工作项目计价表	
2.3	其他	
	小计	

供暖工程零星工作项目计价

工程名称：××住宅楼（招标标底，图纸见本书第5章）

序 号	名 称	计量单位	工程数量	金额（元）	
				综合单价	合 价
1	人 工				
	小 计				
2	材 料				
	小 计				
3	机 械				
	小 计				
	合 计				

供暖工程规费计价

工程名称：××住宅楼（招标标底，图纸见本书第5章）

序 号	定额编号	名 称	计量单位	计算基数（分部分项项目清单人工费+施工技术措施项目清单人工费）	金额（元）	
					费率	合价
1	A4-1	养老保险费	元	17735	20%	
2	A4-1.2	失业保险费	元	17735	2%	
3	A4-1.3	医疗保险费	元	17735	8%	
4	A4-2	住房公积金	元	17735	10%	
5	A4-3	危险作业意外保险费	元	17735	0.5%	
		合计		17735	40.5%	7183

供暖工程分部分项工程量清单综合单价分析

工程名称：××住宅楼（招标标底，图纸见本书第 5 章）

序号	项目编码	项目名称	定额编号	工程内容	单位数量	综合单价组成						备注
						人工费	材料费	机械费	管理费	利润	综合单价	
1	030805003001	钢制散热器，MZII-15-1800	C8-812	钢制散热器，MZII-15-1800，安装	组	60.45	420.30		17.53	9.07	507.35	
2	030805003002	钢制散热器，MZII-15-1500	C8-812	钢制散热器，MZII-15-1500，安装	组	60.45	395.20		17.35	9.07	482.25	
...	...	...	...	...	...	...	...	...	...	...	...	
9	030802001001	管道支架，制作安装，人工涂红丹防锈漆一遍，银粉漆两遍	C8-365	管道支架，制作安装	kg	3.14	5.96	2.25				
			11-7	除锈	kg	0.08	0.03	0.07				
			11-117	人工涂红丹防锈漆一遍	kg	0.05	0.009	0.07				
			11-122	刷银粉漆第一遍	kg	0.05	0.04	0.07				
			1-123	刷银粉漆第二遍	kg	0.05	0.03	0.07				
				小计	kg	3.37	6.07	2.53	1.71①	0.89②	14.57③	
...	...	...	...	...	...	...	...	...	...	...	...	

①管理费＝（人＋机）×25%＝（3.37＋2.53）×29%＝1.71；

②利润＝（人＋机）×18%＝（3.37＋2.53）×15%＝0.89；

③综合单价＝人＋材＋机＋管＋利＝3.37＋6.07＋2.53＋1.71＋0.89＝14.57。

供暖工程主要材料价格

工程名称：××住宅楼（投标标底，图纸见本书第5章）

序　号	名　称　规　格	单位	数量	单价（元）	合价（元）
1	钢制散热器，MZII-15-1800	组	6	406.40	2438.40
2	钢制散热器，MZII-15-1500	组	24	386.50	9276.00
…	…	…	…	…	…